普通高等教育通识类课程教材

大学计算机基础实训指导
（Windows 10+WPS Office 2019）

主　编　吴志攀　王健海

副主编　赖国明　汪华斌

中国水利水电出版社
www.waterpub.com.cn

内 容 提 要

本实训指导是根据教育部高等学校大学计算机课程教学指导委员会编制的《新时代大学计算机基础课程教学基本要求》及全国计算机等级考试大纲,并结合高等学校非计算机专业培养目标编写而成。全书共有 7 章,主要包括计算机基础知识、Windows 10 操作系统、因特网与网络基础知识、人工智能技术应用、WPS Office 2019 文字处理、WPS Office 2019 电子表格制作、WPS Office 2019 演示文稿制作等内容。

本书可作为各类高等学校非计算机专业计算机基础课程实验指导,也可作为全国计算机等级考试的参考书及广大计算机爱好者的自学用书。

图书在版编目(CIP)数据

大学计算机基础实训指导:Windows 10+WPS Office 2019 / 吴志攀,王健海主编. -- 北京:中国水利水电出版社, 2024. 8. -- (普通高等教育通识类课程教材).
ISBN 978-7-5226-2572-0

Ⅰ. TP316.7;TP317.1

中国国家版本馆CIP数据核字第2024WT8088号

策划编辑:陈红华 责任编辑:鞠向超 加工编辑:周益丹 封面设计:苏 敏

书　　名	普通高等教育通识类课程教材 大学计算机基础实训指导(Windows 10+WPS Office 2019) DAXUE JISUANJI JICHU SHIXUN ZHIDAO (Windows 10+WPS Office 2019)
作　　者	主　编　吴志攀　王健海 副主编　赖国明　汪华斌
出版发行	中国水利水电出版社 (北京市海淀区玉渊潭南路 1 号 D 座　100038) 网址:www.waterpub.com.cn E-mail:mchannel@263.net(答疑) 　　　　sales@mwr.gov.cn 电话:(010)68545888(营销中心)、82562819(组稿)
经　　售	北京科水图书销售有限公司 电话:(010)68545874、63202643 全国各地新华书店和相关出版物销售网点
排　　版	北京万水电子信息有限公司
印　　刷	三河市德贤弘印务有限公司
规　　格	184mm×260mm　16 开本　7 印张　181 千字
版　　次	2024 年 8 月第 1 版　2024 年 8 月第 1 次印刷
印　　数	0001—5000 册
定　　价	25.00 元

凡购买我社图书,如有缺页、倒页、脱页的,本社营销中心负责调换

版权所有·侵权必究

前　言

　　进入 21 世纪以来，随着中小学信息技术教育的普及，大学新生计算机知识的起点也随之逐年提高，加之教育部高等学校大学计算机课程教学指导委员会编制的《新时代大学计算机基础课程教学基本要求》中的课程体系与普通高等学校计算机基础课程教学大纲的基本精神和要求，对大学计算机基础教育的教学内容提出了更新、更高、更具体的要求，同时也使得全国高校不断对大学计算机基础教学进行改革。

　　本书根据教育部高等学校大学计算机课程教学指导委员会针对计算机基础教学的目标与定位、组成与分工，以及计算机基础教学的基本要求和计算机基础知识的结构所提出的"大学计算机基础"课程教学大纲要求编写而成的。

　　全书分为 7 章。第 1～3 章、第 5～7 章由吴志攀编写，第 4 章由王健海编写，赖国明、汪华斌参与了书稿的审核工作。本书为《大学计算机基础教程（Windows 10+WPS Office 2019）》（吴志攀主编）配套的实验教材，结合 WPS Office 2019 中的操作实际，方便教师进行教学和学生自主学习。本书提供配套的教学素材，如有需要，请与出版社联系。

　　本书在编写过程中得到有关专家和老师指导与支持，在此表示衷心的感谢。由于编者水平有限，教材中难免有疏漏和不足之处，敬请各位专家、同行和广大读者提出宝贵意见，以便再版时及时修改，在此表示诚挚的谢意！

编　者

2024 年 5 月

目　录

前言
第1章　计算机基础知识 ··· 1
实训1　微型计算机系统组成 ··· 1
实训2　个人信息安全防护措施 ··· 8
练习题 ·· 11

第2章　Windows 10 操作系统 ·· 14
实训1　Windows 10 基础 ··· 14
实训2　桌面的基本操作 ··· 15
实训3　任务管理器的使用 ·· 16
实训4　360 压缩软件的使用 ·· 17
实训5　文件与文件夹的操作 ··· 19
实训6　Windows 设置及小程序的使用 ··· 22
练习题 ·· 27

第3章　因特网与网络基础知识 ··· 30
实训1　连接互联网 ··· 30
实训2　使用 Edge 浏览器访问因特网 ·· 33
实训3　安全上网配置 ·· 37
练习题 ·· 38

第4章　人工智能技术应用 ··· 41
实训1　认识常用的人工智能平台 ··· 41
实训2　使用提示语 ··· 44
实训3　生成图表 ·· 50
实训4　绘制图片 ·· 53
实训5　辅助编程 ·· 57
练习题 ·· 60

第5章　WPS Office 2019 文字处理 ·· 61
实训1　文档的创建与编辑 ·· 61
实训2　文档排版 ·· 65
实训3　图文混排 ·· 69
实训4　邮件合并 ·· 72
练习题 ·· 76

第6章　WPS Office 2019 电子表格制作 ·· 78
实训1　制作商品打折信息表 ··· 78
实训2　计算月偿还金额 ··· 81

实训 3　数据分析 ·· 83
实训 4　图表的应用 ·· 88
练习题 ··· 91

第 7 章　WPS Office 2019 演示文稿制作 ·· 93
实训 1　动画制作 ·· 93
实训 2　插入图片 ·· 96
实训 3　切换方式 ·· 98
实训 4　课件制作及打包 ··· 100
练习题 ·· 103

参考文献 ·· 106

第 1 章　计算机基础知识

实训 1　微型计算机系统组成

一、实训目标

了解微型计算机的软硬件组成及功能。

二、实训内容

1. 冯·诺依曼型计算机的体系结构

（1）计算机硬件由运算器、控制器、存储器、输入设备、输出设备五部分组成。
（2）计算机内部以二进制的形式表示指令和数据。
（3）程序存储和控制。程序指令与数据一样存入存储器中，计算机在工作中能够自动地从存储器中取出程序指令来执行。

在控制器的控制下，通过输入设备将程序或数据送入计算机内存，程序指令逐条送入控制器，控制器对指令进行译码并根据译码结果向存储器发出取数命令，向运算器发出运算命令，经过运算器计算后把结果存回存储器中，在控制器的取数和输出命令作用下，通过输出设备输出计算结果。控制器是计算机的指挥中心，它根据程序执行每一条指令，并向存储器、运算器、输入/输出设备发出控制信号，控制计算机有条不紊地自动工作。图 1-1 为计算机工作原理示意图。

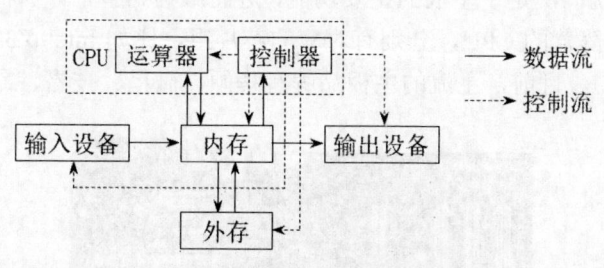

图 1-1　计算机工作原理示意图

2. 微型计算机的基本硬件组成

微型计算机简称微机，也称个人计算机（Personal Computer，PC）。目前主要有台式机和笔记本电脑两类，如图 1-2 所示。台式机由主机箱、显示器、键盘、鼠标、音箱组成，其中主机箱内有 CPU、内存条、主板（集成声卡、网卡）、显卡、硬盘、电源等部件，而笔记本电脑是一体化集成了所有的部件。

（1）CPU。CPU（Central Processing Unit，中央处理器）作为计算机系统的运算和控制核心，是信息处理、程序运行的最终执行单元。目前个人计算机一般采用 Intel 公司或 AMD 公司生产的 64 位 CPU，如图 1-3 所示。近些年来，龙芯、华为鲲鹏等国产 CPU 的性能也相当不错，在国内的应用越来越广泛。

图 1-2 台式机与笔记本电脑

图 1-3 CPU 芯片

（2）主板。主板（Motherboard）也称母板、主机板，如图 1-4 所示，是计算机中各个组件工作的平台，也是机箱内最大的一块集成印刷电路板，由 CPU 插座、扩展槽、芯片组和各种设备接口组成。主板的基本功能是连接计算机的各部件，实现数据信息的传输。主板根据尺寸大小、形状、电源规格、元器件布局方式等的不同制定了通用标准结构，市场主流为 ATX 结构和 Micro ATX 结构。Micro ATX 结构比较小，俗称小板，适用于小机箱。芯片组（Chipset）是主板的核心组成部分，决定了主板的主要功能，进而影响到整个计算机系统性能的发挥。针对 Intel 和 AMD 两大阵营的 CPU，分别有对应的芯片组，比如 Intel Z390 芯片组可支持 Intel 的 i3/i5/i7/i9 系列 CPU。目前，主流的主板品牌有华硕、微星、技嘉、昂达等。

图 1-4 主板

（3）内存条。内存条是指随机存取存储器（Random Access Memory，RAM），如图1-5所示。它由电路板和芯片组成，是与CPU直接交换数据的内存储器。它具有体积小、速度快、有电存取、无电清空的特性，用于存放程序运行中的临时数据。内存条一般采用双倍速（Double Data Rate，DDR）动态随机存储器，其规格从DDR1发展到DDR5。

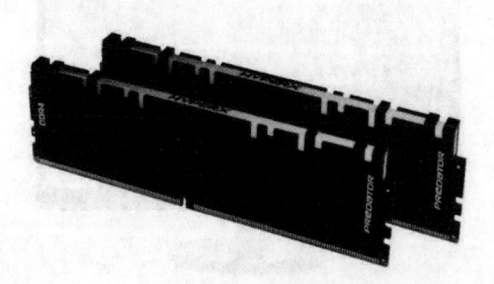

图1-5 内存条

（4）显卡。显卡又称显示卡（Video Card），如图1-6所示，用于将计算机需要显示的信息进行数模转换以驱动显示器显示出来，是连接显示器和计算机主板的重要组件。按显示芯片的位置不同可将显卡分为集成显卡（简称集显）、核心显卡（简称核显）、独立显卡（简称独显）。集显是早期的一种应用方式，被集成在主板上，后来CPU直接集成了核显，当然若要追求强劲的图形图像处理、游戏娱乐性能，则需要配置独显。主流显卡的显示芯片主要由NVIDIA和AMD两大厂商制造，通常将采用NVIDIA的显卡简称为N卡，而将采用AMD的显卡简称为A卡。N卡作为主流显卡，驱动良好、功耗低，擅长游戏娱乐，而A卡更擅长图形图像处理、三维动画制作等。市场上拥有如华硕、微星、七彩虹、技嘉等众多品牌。

图1-6 显卡

（5）显示器。显示器（Display）是用于显示计算机运行状态和运行结果的输出设备。目前市面上几乎都是液晶显示器，如图1-7所示，已看不到以前的阴极射线管（Cathode Ray Tube，CRT）显示器了。液晶显示器的性能参数较多，如分辨率、点距、刷新率、亮度、可视角度等。

（6）硬盘。硬盘（Hard Disk Driver，HDD）是计算机最主要的存储设备，由金属盘制成，盘片覆盖铁磁性材料，被密封固定在硬盘驱动器中。这种硬盘称为机械硬盘，目前个人计算机多采用SATA接口、转速为7200RPM、容量为太字节级的机械硬盘。

近年来，出现了一种比机械硬盘速度更快的固态硬盘（Solid State Disk，SSD）。它是用固态电子存储芯片阵列制成的硬盘，由控制单元和存储单元（Flash芯片、DRAM芯片）组成。

相比机械硬盘，固态硬盘具有容量小、体积小、读写速度快的特点，但是一旦硬件损坏数据难以修复。图 1-8 为机械硬盘和固态硬盘。

图 1-7　液晶显示器

图 1-8　机械硬盘和固态硬盘

（7）网卡。网卡（Network Adapter）是计算机进行网络通信的板卡，如图 1-9 所示。它使得用户可以通过线缆或无线方式相互连接。每一个网卡都有一个独一无二的 MAC 地址，被写在卡上的一块只读存储器（Read-Only Memory，ROM）中。目前计算机主板上一般都集成了网卡，用户无须额外安装网卡。

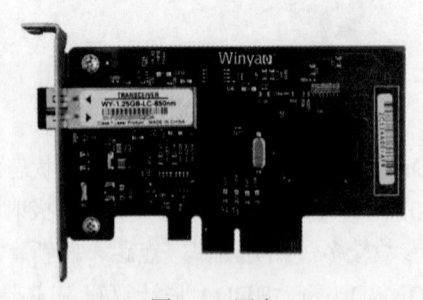

图 1-9　网卡

（8）声卡。声卡（Sound Card）也叫音频卡，如图 1-10 所示，是计算机多媒体系统中最基本的组成部分，是实现声波模拟信号/数字信号相互转换的一种硬件。声卡的基本功能是把计算机中的数字信号转换为声波模拟信号以驱动扬声器发声，或通过音乐设备数字接口

（MIDI）合成乐器的声音。目前，普通声卡一般集成在主板上，用户无须额外配置声卡，除非需要高端的音频应用性能。

图 1-10　声卡

（9）电源。计算机电源是一种安装在主机箱内的封闭式独立部件，如图 1-11 所示。它的作用是将交流电变换为+5V、-5V、+12V、-12V、+3.3V、-3.3V 等不同电压、稳定可靠的直流电，为主机箱内的各种板卡、元器件及外部键盘、鼠标提供所需的电力。

图 1-11　电源

（10）CPU 散热器。CPU 在工作的时候会产生大量的热量，如果不将这些热量及时散发出去，轻则导致死机，重则烧毁 CPU。CPU 散热器就是用来为 CPU 散热的，对 CPU 的稳定运行起着决定性的作用，因此选购一款好的散热器非常重要。CPU 散热器根据散热方式不同分为风冷、热管和水冷 3 种，如图 1-12 所示。

图 1-12　风冷、热管、水冷 CPU 散热器

（11）键盘与鼠标。键盘和鼠标是计算机的标配输入设备。通过键盘可以将字符等输入到计算机中，从而向计算机发出指令、输入数据。鼠标通过指向、移动、单击等操作可以快速操作计算机。图 1-13 为常见的键盘与鼠标。

（12）机箱。机箱也称主机箱，用于安装计算机的主机部分，CPU、主板、内存、硬盘、显卡、电源等组件均固定在其中。机箱不仅起到承托和保护作用，而且起到电磁屏蔽的重要作用，如图 1-14 所示。

图 1-13　键盘与鼠标

图 1-14　机箱

3. 微型计算机的其他常用外部设备

（1）U 盘。U 盘是 USB（Universal Serial Bus）盘的简称，又称"优盘"，如图 1-15 所示。U 盘不需要物理驱动器，即插即用，存取速度快，便于携带。

（2）摄像头。摄像头（Camera/Webcam）又称电脑眼、电子眼，如图 1-16 所示，是一种视频采集输入设备，被广泛地运用于视频会议、远程医疗、实时监控、视频聊天、网络直播、视频录制等场合。

图 1-15　U 盘 　　　　　　　　　　图 1-16　摄像头

（3）耳麦或音箱。耳麦是耳机与麦克风的组合体，分为无线耳麦和有线耳麦。音箱也是常用的计算机声音输出设备。图 1-17 为耳麦与音箱。

图 1-17　耳麦与音箱

（4）无线路由器。无线路由器（Wireless Router）如图1-18所示，是用于用户上网、带有无线覆盖功能的路由器。可以把无线路由器看作一个转发器，将有线宽带网络信号通过天线转发给附近的无线网卡，使各种带无线网卡的终端设备可以接入网络。

图1-18 无线路由器

（5）打印机。打印机（Printer）是计算机的输出设备之一，用于将计算机信息打印在相关介质上。衡量打印机好坏的指标有3项：打印分辨率、打印速度和噪声。针式打印机（票据打印）、喷墨打印机（照片打印）和激光打印机（文档打印）是目前常用的3种打印机，如图1-19所示。现在的打印机多为打印、复印、扫描多功能一体机。

图1-19 针式、喷墨、激光打印机

（6）扫描仪。扫描仪（Scanner）是利用光电技术和数字处理技术将图形图像、实物信息以扫描方式转换为数字信号输入计算机的装置。照片、文本、图纸、图画、照相底片、实物都可作为扫描对象。扫描仪广泛用于办公自动化（OA）、广告平面设计、数字媒体、印刷复制等。图1-20为一款平板式扫描仪。

图1-20 平板扫描仪

4. 计算机软件分类

计算机软件（Software）是指计算机系统中的程序及其文档，它是用户与硬件之间的接口，分为系统软件和应用软件两大类，如图1-21所示。系统软件是指控制和协调计算机及外部设备，支持应用软件开发和运行的系统，其主要功能是调度、监控、维护计算机系统，负责管理计算机系统中各种独立的硬件，使得它们可以协调工作。系统软件包括操作系统、程序语言及其处理程序（编译、解释、链接、装配）、数据库管理系统、系统服务处理程序（检测、诊断、修复等）；应用软件是指为解决实际应用问题所开发和使用的软件，包括用于办公、学习、游戏、信息管理、网络应用、安全防范等方面的软件。

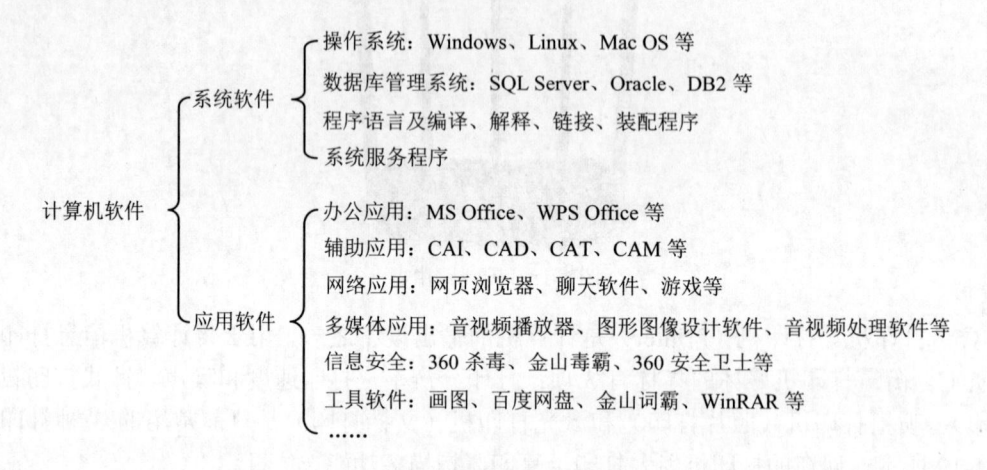

计算机软件
- 系统软件
  - 操作系统：Windows、Linux、Mac OS 等
  - 数据库管理系统：SQL Server、Oracle、DB2 等
  - 程序语言及编译、解释、链接、装配程序
  - 系统服务程序
- 应用软件
  - 办公应用：MS Office、WPS Office 等
  - 辅助应用：CAI、CAD、CAT、CAM 等
  - 网络应用：网页浏览器、聊天软件、游戏等
  - 多媒体应用：音视频播放器、图形图像设计软件、音视频处理软件等
  - 信息安全：360 杀毒、金山毒霸、360 安全卫士等
  - 工具软件：画图、百度网盘、金山词霸、WinRAR 等
  - ……

图 1-21　计算机软件分类

思考：智能手机上安装的 HarmonyOS（鸿蒙）、Android（安卓）和 iOS 是属于系统软件还是应用软件？请对自己手机上安装的软件进行识别和归类。

实训 2　个人信息安全防护措施

一、实训目标

掌握保障个人信息安全的常用措施，防杀病毒软件的安装与使用。

二、实训内容

1. 个人信息安全

个人信息安全是指公民身份、财产等个人信息的安全状况。随着互联网应用的普及和人们对互联网的依赖，个人信息受到极大的威胁。恶意程序、各类钓鱼和欺诈活动继续保持高速增长，同时黑客攻击和大规模的个人信息泄露事件频发，与各种网络攻击大幅增长相伴的是大量网民个人信息的泄露与财产损失的不断增加。人为倒卖信息、手机泄露、计算机感染、网站漏洞是个人信息泄露的四大途径。个人信息泄露危害巨大，除了个人要提高信息保护的意识外，国家也在积极推进保护个人信息安全的立法进程。

（1）个人信息主要类别。

1）基本信息。为了完成大部分网络行为，消费者会根据服务商要求提交包括姓名、性别、年龄、身份证号码、电话号码、E-mail、家庭住址等在内的个人基本信息，有时甚至会包括婚姻状况、职业、工作单位、收入等相对隐私的个人基本信息。

2）设备信息。设备信息主要是指消费者所使用包括移动终端和固定终端的各种计算机终端设备的基本信息，如位置信息、Wi-Fi 列表信息、MAC 地址、CPU 信息、内存信息、存储卡信息、操作系统版本信息等。

3）账户信息。账户信息主要包括网银账号、第三方支付账号、社交账号、邮箱账号等。

4）隐私信息。隐私信息主要包括通讯录信息、通话记录、短信记录、聊天记录、个人照片和视频等。

5）社会关系信息。社会关系信息主要包括好友关系、家庭成员信息、工作单位信息等。

6）上网行为信息。上网行为信息主要指上网行为记录，即消费者在网络上的各种活动行为，如上网时间、上网地点、输入记录、聊天交友、网站访问行为、网络游戏行为等。

7）个人生物特征信息。个人生物特征信息主要指指纹信息、人脸信息、虹膜信息、语音信息等。

（2）个人信息安全现状。信息安全"黑洞门"已经到触目惊心的地步，网站攻击与漏洞利用正在向批量化、规模化方向发展，用户隐私和权益日益遭到侵害，特别是一些重要数据甚至流向他国。不仅是个人和企业，信息安全的威胁已经上升至国家安全层面。

从某漏洞响应平台上收录的数据来看，该平台已知漏洞可导致 23.6 亿条隐私信息泄露，包括个人隐私信息、账号密码、银行卡信息、商业机密信息等。大量数据泄露的最主要途径是互联网网站等。这个数据意味着，几乎每一个上网的人的信息都可能已经在不知不觉中被窃取甚至利用了。

一些掌握了大量用户个人信息的公司，如房产、中介、银行、保险、快递等，由于内部管理不严等原因，导致用户个人信息被偷偷售卖。2013 年，一家为全国 4500 多家酒店提供网络服务的公司因系统存在安全漏洞，致使全国 2000 万条宾馆住宿记录泄露，泄露的信息包括用户姓名、证件号、联系方式、住宿时间等。

（3）信息安全法律法规。2017 年 6 月 1 日，《中华人民共和国网络安全法》（以下简称《网络安全法》）正式施行。

《网络安全法》规定：未经被收集者同意，不得向他人提供个人信息。针对个人信息保护的痛点，《网络安全法》在信息收集使用、网络运营者应尽的保护义务等方面提出了明确要求。比如，网络运营者不得泄露、篡改、毁损其收集的个人信息，未经被收集者同意，不得向他人提供个人信息，但是经过处理无法识别特定个人且不能复原的除外。针对取证难、追责难的困局，《网络安全法》还明确了网络信息安全的责任主体，确立了"谁收集，谁负责"的基本原则。

2017 年 10 月 1 日实施的《中华人民共和国民法总则》第一百一十一条规定："自然人的个人信息受法律保护。任何组织和个人需要获取他人个人信息的，应当依法取得并确保信息安全。"

2021 年 3 月 9 日，国家市场监督管理总局、中国国家标准化管理委员会发布了国家标准《信息安全技术 信息系统密码应用基本要求》（GB/T 39786—2021），并于 2021 年 10 月 1 日正式实施，切实维护国家网络与信息安全。

2. 个人信息安全举措

(1) 账号密码安全。

1) 注册账户时，应"节约"使用个人信息，如必须填写个人信息，应尽可能少地提供个人信息。

2) 按一定的标准或模式分级分类设置密码并保证重要账户的独立性。密码设置可依照密码模型。

3) 第三方平台的支付密码不要与银行卡的密码相同。

4) 在手机上被要求输入银行卡密码时要格外小心，尽量不要在非官方的 App 上输入密码。

(2) 网络信息安全。

1) 不要随意连接公共场合的 Wi-Fi，更不要使用未知的无线网进行网购等活动。如果确实需要，最好使用自己手机的 4G 或 5G 网络。

2) 手机、计算机等都需要安装安全软件，每天至少进行一次对木马程序的扫描，尤其在使用重要账号密码前。每周定期进行一次病毒查杀，并及时更新安全软件。

3) 不要随便安装来路不明的软件，在使用智能手机时，不要修改手机中的系统文件，也不要随便参加注册信息获取赠品的网络活动。

4) 设置高保密强度的密码，不同网站最好设置不同的密码。网银、网购的支付密码最好定期更换。

5) 网上注册内容时不要填写个人私密信息。对于普通用户而言，无法干预到企业的数据安全保护措施，只有从我做起，尽可能少地暴露自己的信息。

6) 尽量远离社交平台涉及的互动类活动。遇到那些奔着个人隐私信息去的"趣味"活动，建议不要参与。

7) 安装病毒防护软件。不管是计算机还是智能手机，都已经成为信息泄露的高发地带，往往不小心点击一个链接、下载一个文件，计算机系统就被不法分子成功攻破。安装病毒防护软件成为设备使用时的必要手段。

8) 警惕电信诈骗活动。电信诈骗是指通过电话、网络和短信方式，编造虚假信息，设置骗局，对受害人实施远程、非接触式诈骗，诱使受害人打款或转账的犯罪行为，通常冒充他人及仿冒各种合法外衣以达到欺骗的目的，如冒充公检法、国家机关工作人员、银行工作人员等，谎称系统升级、中奖，以招工、刷单、贷款等各种形式进行诈骗。

9) 妥善处理好涉及个人信息的单据。快递单、消费小票、车票等留有个人相关信息的单据在废弃时，需要妥善处置。

3. 安装并使用安全软件

(1) 下载 360 杀毒软件、360 安全卫士，并安装。

(2) 运行 360 杀毒软件，检查其病毒库是否为最新版本，然后对计算机进行全盘扫描，对扫描出的问题进行处理，如图 1-22 所示。

(3) 运行 360 安全卫士，对系统进行体检，对检查出的不安全项目进行修复，如图 1-23 所示。

图 1-22　360 杀毒软件

图 1-23　360 安全卫士扫描

提示：智能手机也是一台计算机，请检查手机上是否安装并使用了安全防护软件（如 360 手机卫士等）。

练 习 题

1. 1MB 的准确大小是（　　）。
   A．1024KB　　　B．1000KB　　　C．1024Kb　　　D．1024GB
2. 下列 4 个计算机存储容量的换算中，错误的是（　　）。
   A．1TB=1024GB　　　　　　　　B．1KB=1024GB
   C．1KB=1024B　　　　　　　　　D．1GB=1024MB
3. 个人计算机属于（　　）。
   A．微型计算机　　B．小型计算机　　C．中型计算机　　D．大型计算机
4. 发现计算机感染病毒后，可通过（　　）清除病毒。
   A．使用杀毒软件　　　　　　　　B．查看磁盘

C．整理磁盘碎片　　　　　　　　D．重新启动计算机
5．二进制数 110111 转换成的八进制数是（　　）。
　　A．45　　　　　B．56　　　　　C．67　　　　　D．78
6．ROM 与 RAM 的主要区别在于（　　）。
　　A．ROM 可以永久保存信息，RAM 在掉电后会丢失信息
　　B．在掉电后 ROM 会丢失信息，RAM 则不会
　　C．ROM 是内存储器，RAM 是外存储器
　　D．RAM 是内存储器，ROM 是外存储器
7．微型计算机中，通用寄存器的作用是（　　）。
　　A．寄存数据　　B．显示数据　　C．控制内存　　D．访问字长
8．硬盘的存取速度比（　　）慢。
　　A．RAM　　　　B．光盘　　　　C．软盘　　　　D．磁带
9．微型计算机中的 CPU 可以与（　　）直接进行数据传送。
　　A．硬盘　　　　　　　　　　　　B．光盘
　　C．U 盘　　　　　　　　　　　　D．内存储器
10．下列关于计算机病毒的说法中，正确的一项是（　　）。
　　A．计算机病毒是对计算机操作人员身体有害的生物病毒
　　B．计算机病毒将造成计算机的永久性物理损害
　　C．计算机病毒是一种通过自我复制进行传染的，破坏计算机程序和数据的小程序
　　D．计算机病毒是一种感染在 CPU 中的微生物病毒
11．第一代计算机采用的电子元器件是（　　）。
　　A．电子管　　　　　　　　　　　B．晶体管
　　C．小规模集成电路　　　　　　　D．中大规模集成电路
12．冯·诺依曼型体系结构的计算机包含的五大部件是（　　）。
　　A．输入设备、运算器、控制器、存储器、输出设备
　　B．输入/输出设备、运算器、控制器、内/外存储器、电源设备
　　C．输入设备、中央处理器、只读存储器、随机存储器、输出设备
　　D．键盘、主机、显示器、磁盘机、打印机
13．发明世界上第一台计算机的国家是（　　）。
　　A．美国　　　　B．英国　　　　C．中国　　　　D．日本
14．计算机中最小的单位是（　　）。
　　A．位　　　　　B．字节　　　　C．字　　　　　D．字长
15．发现计算机病毒后，比较彻底的清除方式是（　　）。
　　A．用查毒软件处理　　　　　　　B．删除磁盘文件
　　C．用杀毒软件处理　　　　　　　D．格式化磁盘
16．计算机病毒是指（　　）。
　　A．带细菌的磁盘　　　　　　　　B．已损坏的磁盘
　　C．具有破坏性的特制程序　　　　D．被破坏了的程序

17. （　　）是计算机唯一能够识别的语言。
    A．高级语言　　　　　　　　B．汇编语言
    C．机器语言　　　　　　　　D．C 程序语言
18. 计算机系统包含（　　）。
    A．硬件系统和软件系统　　　B．运算器、控制器、存储器、外部设备
    C．主机、显示器、键盘、鼠标　D．主机和外部设备
19. 计算机软件分为系统软件和（　　）。
    A．非系统软件　B．重要软件　C．应用软件　　　D．工具软件
20. 在计算机辅助系统中，（　　）是指计算机辅助设计。
    A．CAT　　　　B．CAD　　　C．CAM　　　　D．CAE
21. 下面列出的计算机病毒传播途径，不可能是（　　）。
    A．使用来路不明的软件　　　B．借用他人的 U 盘
    C．非法复制软件　　　　　　D．将无毒的 U 盘和带病毒的 U 盘混放

第 2 章　Windows 10 操作系统

实训 1　Windows 10 基础

一、实训目标

掌握 Windows 10 开启与退出的正确方法。

二、实训内容

（1）启动并登录计算机。

按主机前置面板上的"电源开关"按钮，启动并登录进入 Windows 10，观察 Windows 10 桌面的组成。

（2）鼠标的基本操作练习。

1）右击桌面空白处，执行快捷菜单中的"个性化"命令，打开如图 2-1 所示的个性化"设置"窗口。利用此窗口左侧的"背景"菜单，选择一幅图形作为新的桌面背景画面。

图 2-1　个性化"设置"窗口

利用"锁屏界面"菜单，选择一幅图形作为新的桌面背景，使用"变幻线"并且间隔 2 分钟作为屏幕保护程序。

利用"主题"菜单，显示或隐藏桌面上的"此电脑"和"用户的文件"文件夹图标。

2）按住鼠标左键，将桌面上的"此电脑"图标移动到桌面上的其他位置。

3）用鼠标的右键拖动桌面上的"此电脑"图标到桌面某个位置，松开后，选择"在当前位置创建快捷方式"操作。

4）用鼠标双击或右击打开桌面上的"此电脑"窗口。

5）用鼠标在"此电脑"的标题栏和窗口的边框处分别拖拽操作改变"此电脑"窗口的大小和在桌面上的位置。

6）将鼠标指针指向任务栏的右边系统通知区的"当前时间"图标并单击，打开"当前日期"对话框，用户可在此对话框中调整系统时间与日期。

7）右击桌面空白处，执行快捷菜单中的"显示设置"命令，打开如图 2-2 所示的"设置"窗口。利用此窗口的"显示"菜单，将桌面上显示的图标和文字扩大 25%；使用"电源和睡眠"菜单，设置无人操作时，计算机经过 8 分钟后，自动进入睡眠状态。

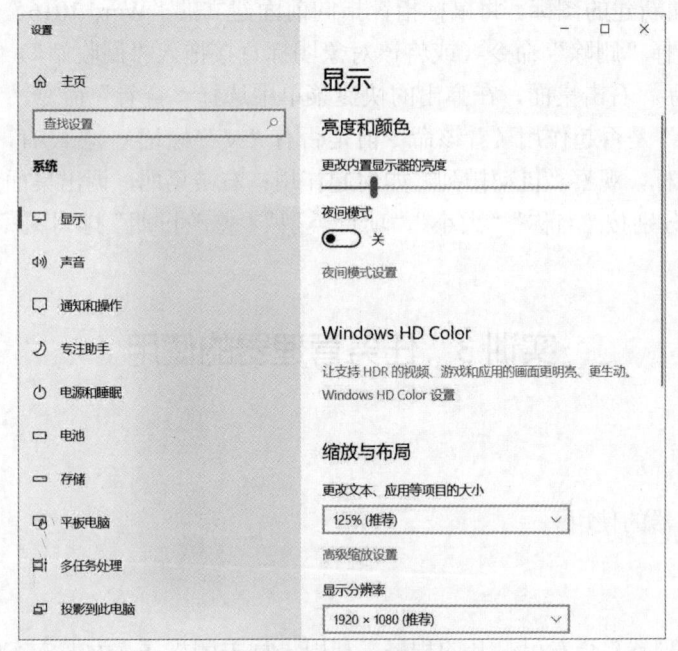

图 2-2　显示"设置"窗口

8）在 Windows 10 桌面上，双击打开 Microsoft Edge 浏览器。

9）单击"开始"→"所有应用"→"Windows 附件"→"画图"命令，打开"画图"程序。

实训 2　桌面的基本操作

一、实训目标

掌握 Windows 10 桌面的基本操作。

二、实训内容

（1）通过鼠标拖拽添加一个新图标。单击"开始"图标，在弹出的菜单中将鼠标指针指向"所有应用"，拖动"所有应用"右侧的滚动条，找到"Word 2016"并右击，在弹出的快捷菜单中依次选择"更多"→"打开文件位置"命令，在打开的"Programs"窗口中找到"Word 2016"快捷方式图标。右击，选择"发送到"→"桌面快捷方式"，此时桌面便会有一个"Word 2016"快捷方式图标。

（2）使用"新建"菜单添加新图标。在桌面任一空白处右击，在弹出的快捷菜单中选择"新建"命令，然后在子菜单中选择"快捷方式"命令。利用创建快捷方式向导，选择所需对象的方法来创建新快捷图标，如创建"记事本"程序的快捷方式图标。

（3）图标的更名。选择上面创建的"记事本"程序的快捷方式图标并右击，在弹出的快捷菜单中选择"重命名"命令，重新命名即可。

（4）删除前面新建的图标。将鼠标指针指向前面建立的"Word 2016"图标并右击，在弹出的快捷菜单中选择"删除"命令（或将该对象图标直接拖入"回收站"）。

（5）排列图标。右击桌面，在弹出的快捷菜单中选择"查看"命令，观察下一层菜单中的"自动排列图标"是否起作用（看该命令前是否有"√"标记），若没有，单击使之起作用；移动桌面上某个图标，观察"自动排列"如何起作用；右击桌面，调出桌面快捷菜单中的"排序方式"菜单项，分别按"名称""大小""项目类型""修改日期"排列图标；取消桌面的"自动排列图标"方式。

实训 3　任务管理器的使用

一、实训目标

掌握任务管理器的使用。

二、实训内容

使用"任务管理器"查看已打开的程序，利用进程关闭程序。为做本实验，先将 Windows Media Player（媒体播放器）、计算器（Calc）、写字板（WordPad）、记事本（NotePad）等程序打开。

（1）打开"任务管理器"的方法如下：右击任务栏的空白处，在弹出的快捷菜单中单击"任务管理器"命令（也可按 Ctrl+Shift+Esc 组合键），打开"任务管理器"窗口，如图 2-3 所示。

（2）单击"进程"选项卡，该选项卡显示关于计算机上正在运行的进程的信息，包括应用程序、后台服务和进程等。

在"进程"选项卡中找到需要结束的进程名，然后执行右键菜单中的"结束进程"命令或单击"任务管理器"右下角的"结束任务"按钮，就可以强行终止，如记事本。但用这种方式操作将丢失未保存的数据，而且如果结束的是系统服务，则系统的某些功能可能无法正常使用。

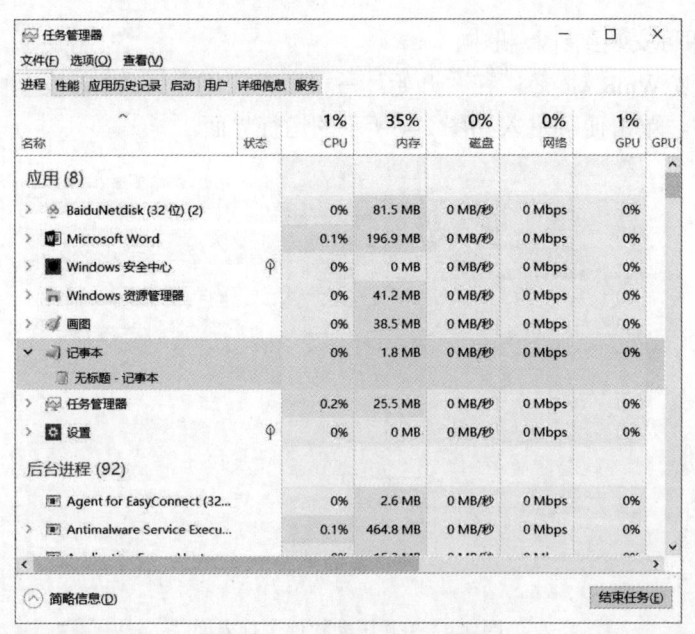

图 2-3 "任务管理器"窗口

提示：可使用下面的方法打开"任务管理器"窗口：
方法 1：按 Ctrl+Shift+Esc 组合键。
方法 2：右击"开始"按钮，在弹出的快捷菜单中执行"任务管理器"命令。
方法 3：按 Windows+R 组合键，打开 Windows 10 运行命令窗口。在"打开"文本框中输入 taskmgr.exe 命令。然后单击"确定"按钮，就可以打开"任务管理器"了。

实训 4　360 压缩软件的使用

一、实训目标

掌握 360 压缩软件的使用。

二、实训内容

学会 360 压缩软件的简单使用方法，要求如下：
（1）从网上下载 360 压缩软件。
（2）安装 360 压缩软件。
（3）使用 360 压缩软件对桌面上的 123.txt 和 MyFile.txt 打包压缩，压缩文件全名为 AAA.rar，然后使用 360 压缩软件解压缩至 C:\KAOSHI\Windows\。
操作方法和步骤如下：
（1）下载 360 压缩软件，下载的软件放在 Windows 10 桌面上。下载后的默认文件名是 setup.exe。
（2）在 Windows 10 桌面上找到已下载的 setup.exe 文件，双击并按照出现的安装界面提示一步一步操作即可安装到计算机中。

（3）正确安装 WinRAR 后，在"开始"→"所有应用"→"360 安全中心"菜单中找到"360 压缩"程序，单击便可进入如图 2-4 所示的运行界面。

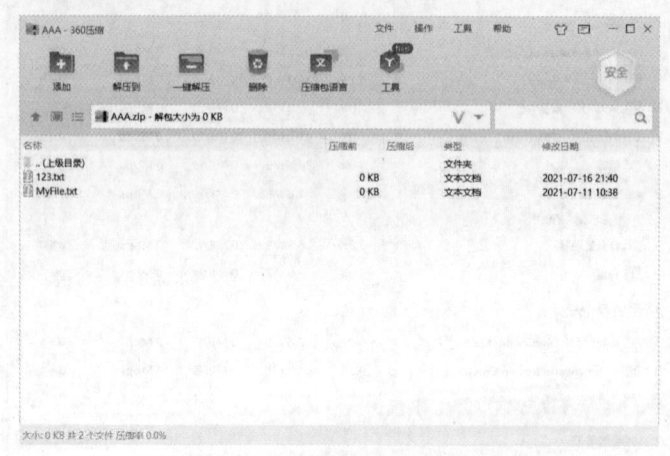

图 2-4　360 压缩软件运行界面

（4）切换至 Windows 10 桌面，选择下载的 123.txt 和 MyFile.txt 两个文件。右击，执行弹出的快捷菜单中的"添加到压缩文件"命令，打开如图 2-5 所示的压缩文件名和压缩配置对话框。

图 2-5　压缩文件名和压缩配置对话框

（5）在"压缩文件名"文本框中输入压缩文件名，这里输入"AAA"，其他参数不变。单击"确定"按钮，程序开始压缩打包，压缩成功后桌面上出现文件 AAA.rar。

（6）双击 AAA.rar，出现图 2-4 所示的 WinRAR 运行界面。选择 AAA.rar 文件并右击，执行如图 2-6 所示的快捷菜单中的"解压到指定文件夹"命令，打开如图 2-7 所示的解压路径和选项对话框。

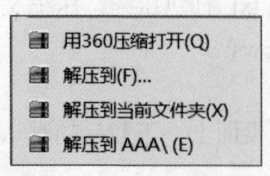

图 2-6　WinRAR 快捷菜单　　　　图 2-7　解压路径和选项对话框

（7）在"解压路径和选项"对话框右侧，选择解压后文件存放的路径为：C:\KAOSHI\Windows\AA。单击"确定"按钮，指定的压缩文件开始解压。解压缩结束后，读者可打开"C:\KAOSHI\Windows\AA"查看指定的文件是否成功解压。

实训 5　文件与文件夹的操作

一、实训目标

（1）熟练掌握"文件资源管理器"的使用。
（2）掌握对文件（夹）的浏览、选取、创建、重命名、复制、移动和删除等操作。
（3）掌握文件和文件夹属性的设置。
（4）掌握"回收站"的使用。

二、实训内容

1. "文件资源管理器"窗口的使用

（1）"文件资源管理器"窗口的打开。打开窗口的常见方法有 4 种：

1）依次单击"开始"→"所有程序"→"Windows 系统"→"文件资源管理器"命令；

2）右击"开始"菜单，在弹出的快捷菜单中选择"文件资源管理器"命令；

3）右击"开始"→"运行"命令，弹出"运行"对话框，在"打开"文本框处输入 explorer，然后按 Enter 键即可；

4）按组合键 WIN+E。

（2）调整左右窗格的大小。将鼠标指针指向左右窗格的分隔线上，当鼠标指针变为水平双向箭头↔时，按住鼠标左键左右移动即可调整左右窗格的大小。

（3）展开和折叠文件夹。单击"此电脑"前的向右图标▶或双击"此电脑"，将其展开，此时向右图标▶变成了向下图标▼。在左窗格中，单击"本地磁盘（C:）"前的向右图标▶或双击"本地磁盘（C:）"，将展开磁盘 C。在左窗格（即导航窗格）中，单击文件夹 KAOSHI 前的向右图标▶或双击名称 KAOSHI 将文件夹展开。

单击向下图标▼或将光标定位到该文件夹，按键盘上的←键，可将已展开的内容折叠起来。如单击 KAOSHI 前的向下图标▼也可将该文件夹折叠。

（4）打开一个文件夹。打开当前文件夹的方法有 3 种：

1）双击或单击导航窗格中的某个文件夹图标；

2）直接在地址栏中输入文件夹路径，如 C:\KAOSHI，然后按 Enter 键确认；

3）单击"地址栏"左侧的两个工具按钮（"后退"按钮←、"前进"按钮→），可切换到当前文件夹的上一级文件夹。

2. 使用"文件资源管理器"窗口选定文件（夹）

（1）选定文件（夹）或对象。在"文件资源管理器"窗口导航窗格中，依次单击本地磁盘（C:）→KAOSHI→Windows，此时文件夹 Windows 的内容将显示在"文件资源管理器"的右窗格中。

（2）选定一个对象。将鼠标指针指向 Windowslogon.wav 图标上，单击即可选定该对象。

（3）选定多个连续对象。单击"查看"选项卡下"布局"组中的"列表"命令，将 Media 文件夹下的内容对象以列表形式显示在右窗格中，单击选定 MyFile.txt，再按住 Shift 键，然后单击要选定的 123.txt，再释放 Shift 键，此时可选定两个文件对象之间的所有对象；也可将鼠标指针指向显示对象窗格中的某个空白处，按住鼠标左键拖拽，此时鼠标指针拖出一个矩形框，矩形框交叉和包围的对象将全部被选中。

（4）选定多个不连续对象。在 Windows 文件夹中，单击要选定的第一个对象，再按住 Ctrl 键，然后依次单击要选定的对象，再释放 Ctrl 键，此时可选定多个不连续的对象。

（5）选定所有对象。单击"主页"选项卡下"选择"组中的"全部选择"命令，或按 Ctrl+A 组合键，可将当前文件夹下的全部对象选中。

（6）反向选择对象。单击"主页"选项卡下"选择"组中的"反向选择"命令，可以选中此前没有被选中的对象，同时取消已被选中的对象。

（7）取消当前选定的对象。单击窗口中任一空白处，或按键盘上的任一光标移动键即可，或使用"选择"组中的"全部取消"命令。

3. 文件（夹）的创建与更名

操作方法及步骤如下：

（1）打开"此电脑"或"文件资源管理器"窗口。

（2）进入文件夹 C:\KAOSHI\WINDOWS\，双击打开该驱动器窗口。

（3）单击"主页"选项卡下"新建"组中的"新建文件夹"命令，此时就新建了一个文件夹，如图 2-8 所示。

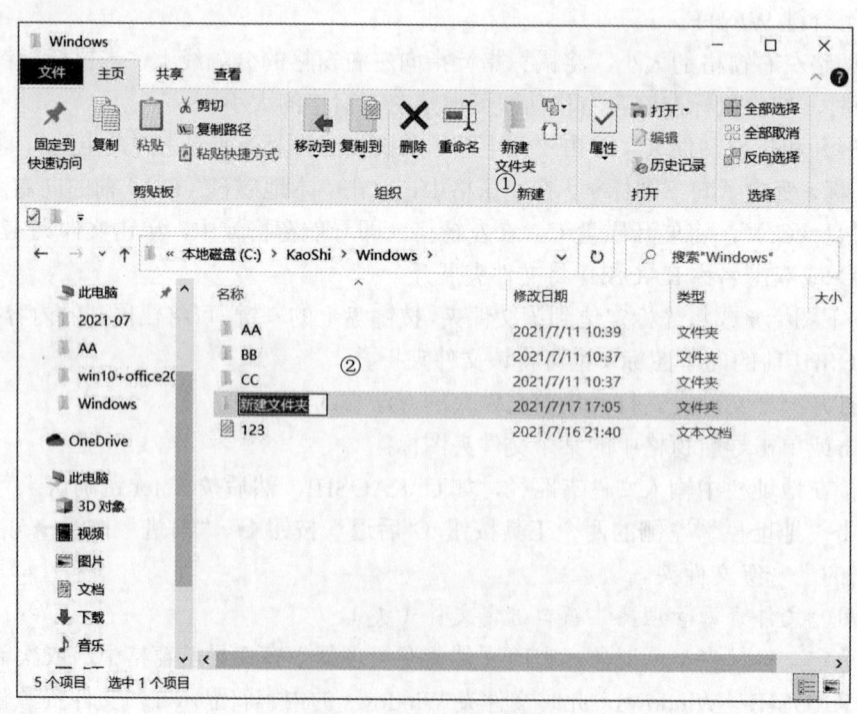

图 2-8 新建一个文件夹

要创建一个文件夹，也可右击窗口空白处，执行弹出的快捷菜单中的"新建"→"文件夹"命令，即可创建一个文件夹。

（4）文件（夹）的重命名。

单击选定要重命名的文件（夹），单击"主页"选项卡下"组织"组中的"重命名"命令，此时在文件（夹）名称框处出现一条不断闪动的竖线（即插入点），直接输入新的文件（夹）名称 DD，然后按 Enter 键或在其他空白处单击即可。

要为一个文件（夹）进行重命名，还有以下 3 种方法：

方法 1：将鼠标指针指向需要重命名的文件（夹）并右击，在弹出的快捷菜单中选择"重命名"命令。

方法 2：将鼠标指针指向文件（夹）名称处，选中该文件（夹）并稍停一会儿再次单击。

方法 3：选中需要命名的文件后，直接按 F2 键。

4. 文件（夹）的复制、移动与删除

复制文件（夹）的方法如下：

方法 1：选择要复制的文件（夹），如 C:\KAOSHI\WINDOWS\AA\MyFile.txt，按住 Ctrl 键并拖拽到目标位置（如 C:\KAOSHI\WINDOWS\BB\）即可。

方法 2：选择要复制的文件（夹），按住鼠标右键并拖拽到目标位置，松开鼠标，在弹出的快捷菜单中单击"复制到当前位置"命令即可。

方法 3：选择要复制的文件（夹），单击"主页"选项卡下"剪贴板"组中的"复制"命令（或右击，在弹出的快捷菜单中选择"复制"命令；也可直接按 Ctrl+C 组合键），然后定位到目标位置，单击"主页"选项卡下"剪贴板"组中的"粘贴"按钮（或右击，在弹出的快捷菜单中选择"粘贴"命令，或直接按 Ctrl+V 组合键）。

方法 4：或使用"主页"选项卡下"组织"组中的"复制到"命令，也可进行复制的操作。

移动文件（夹）的方法如下：

方法 1：选择要移动的文件（夹），如 C:\KAOSHI\WINDOWS\AA\MyFile.txt；单击"主页"选项卡下"剪贴板"组中的"剪切"按钮（或右击，在弹出的快捷菜单中选择"复制"命令；也可按 Ctrl+X 组合键）；然后定位到目标位置，单击"主页"选项卡下"剪贴板"组中的"粘贴"按钮（或右击，在弹出的快捷菜单中选择"粘贴"命令；或直接按 Ctrl+V 组合键）。

方法 2：在"此电脑"或"文件资源管理器"中，单击"主页"选项卡下"组织"组中的"移动到"命令，在弹出的"移动到"列表中，选择要移动到的目标文件夹位置。

删除文件（夹）的方法如下：

方法 1：选择要删除的文件（夹），如 C:\KAOSHI\WINDOWS\AA\MyFile.txt，直接按 Delete（Del）键。

方法 2：选择要删除的文件（夹）并右击，在弹出的快捷菜单中单击"删除"命令。

方法 3：选择要删除的文件（夹），单击"主页"选项卡下"组织"组中的"删除"按钮（或按 Ctrl+D 组合键）。

执行上述命令或操作后，在弹出的如图 2-9 所示的"删除文件"对话框中单击"是"按钮。

在删除时，若按住 Shift 键不放，则会弹出与图 2-9 的提示信息不同的"删除文件"对话框，单击"是"按钮，则删除的文件不送到"回收站"，而直接从磁盘中删除。

图 2-9 "删除文件"对话框

5. 设置与查看文件（夹）的属性

选定要查看属性的文件（夹），如文件夹 C:\KAOSHI\WINDOWS\，单击"主页"选项卡下"打开"组中的"属性"按钮，弹出文件（夹）的属性对话框，可查看该文件（夹）的属性。

双击打开 AA 文件夹，并在工作区空白处右击鼠标，在弹出的快捷菜单中单击"新建"→"Microsoft Word 文档"命令，建立一个空白的 Word 文档；右击该新建文档，在弹出的快捷菜单中选择"属性"命令，打开该文件的属性对话框，观察此文件的各种属性。

实训 6　Windows 设置及小程序的使用

一、实训目标

（1）掌握"Windows 设置"窗口的打开方法。
（2）掌握系统日期和时间的设置方法。
（3）掌握添加或删除程序的操作方法。
（4）掌握常用小程序的使用方法。

二、实训内容

1. 打开"Windows 设置"窗口（控制面板）的各种方法

操作步骤：

（1）在"开始"菜单中单击"设置"按钮，或者右击"开始"按钮，在快捷菜单中选择"设置"命令，打开"Windows 设置"窗口，如图 2-10 所示。

（2）"控制面板"提供了 3 种视图方式：类别视图、大图标视图和小图标视图。单击窗口右上方"类别"按钮，在下拉列表中选择相应的视图选项可以进行视图方式切换，本实训中将视图方式切换为小图标视图。

2. 设置系统日期和时间

查看、设置系统日期和时间操作步骤：

（1）将鼠标指针指向任务栏中的日期和时间显示区域，将会显示日期、时间和星期。如果单击任务栏中的日期和时间显示区域，将会弹出"日期和时间"面板，显示了当前日期所在月份整月的日期，形式类似于日常生活中的日历，还显示了当前的时间。用户可以在"日期和时间"面板中灵活查看日期。

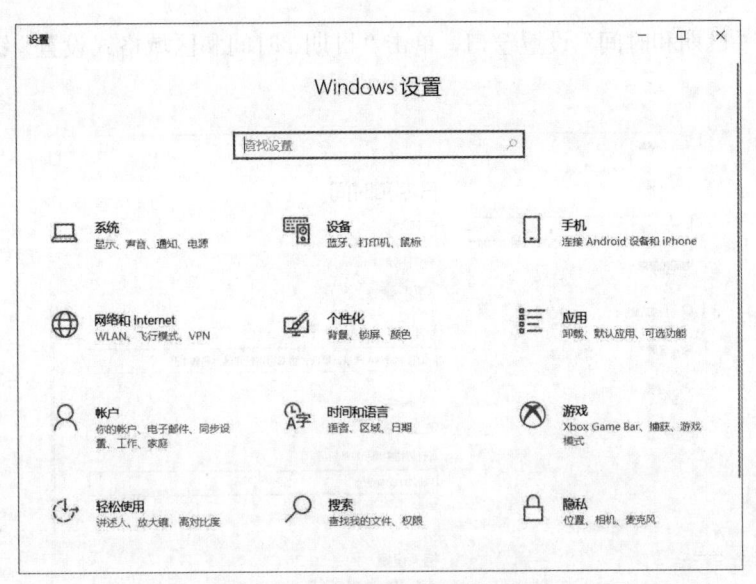

图 2-10　"Windows 设置"窗口

（2）如果日期和时间不正确，可以随时进行调整，右击任务栏中显示日期和时间的区域，然后在弹出的菜单中选择"调整日期 / 时间"命令，在打开的"日期和时间"设置窗口中，"自动设置时间"选项处于开启状态，此时无法更改日期和时间，如图 2-11 所示。

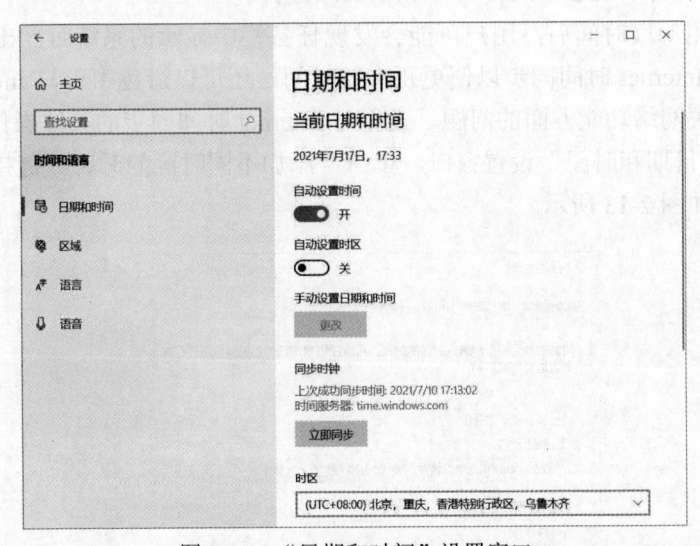

图 2-11　"日期和时间"设置窗口

（3）使用鼠标拖动滑块使"自动设置时间"选项处于关闭状态，然后单击"更改"按钮。

（4）在打开的"更改日期和时间"对话框中的各下拉列表中提供了日期和时间选项，可以根据需要进行日期和时间的设置。设置好以后单击"更改"按钮，关闭"更改日期和时间"对话框。

3. 更改系统日期和时间格式

如果对日期和时间格式有特殊要求，则可以进行自定义设置，具体操作步骤如下：

（1）进入"日期和时间"设置窗口，单击"日期、时间和区域格式设置"链接，如图2-12所示。

图2-12 更改日期和时间格式

（2）在弹出的窗口中设置区域、日期和时间的格式。

4. 设置多个时钟和设置系统时间与Internet时间同步

计算机在使用一段时间后，用户可能会发现任务栏中显示的系统时间出现一些误差，这时可以设置其与Internet时间同步以便更正系统时间，还可以避免由于与Internet时间不一致而导致的一些有关网络功能方面的问题。设置与Internet时间同步的具体操作步骤如下：

（1）进入"日期和时间"设置窗口，单击"添加不同时区的时钟"链接，弹出"时间和日期"对话框，如图2-13所示。

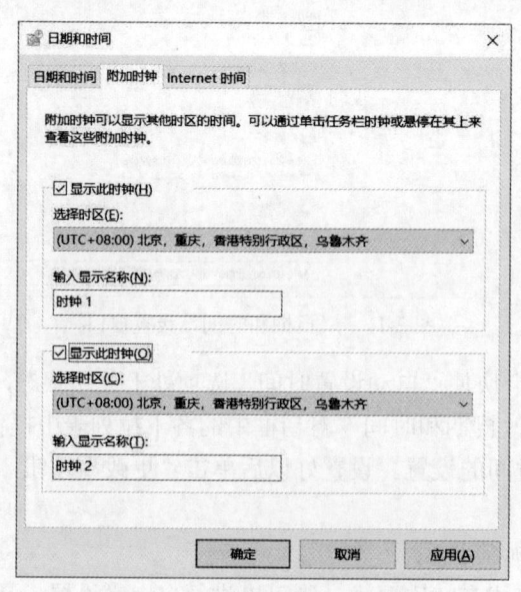

图2-13 "日期和时间"对话框

（2）在"附加时钟"和"Internet 时间"选项卡中即可完成多个时钟和与 Internet 时间同步的设置。

5. 添加或删除应用程序

操作步骤：

（1）在"Windows 设置"窗口单击"应用"图标，打开"应用和功能"窗口，如图 2-14 所示。在"卸载或更改程序"列表框中选择所要删除的应用，比如"邮件和日历"应用，单击"卸载"按钮，弹出对话框，确认是否删除所选应用。除了"卸载"选项外，某些应用还包含"修改"或"修复程序"选项，若要更改应用，请单击"修改"按钮。对于相关程序的删除和修改，可单击"程序和功能"链接，打开"程序和功能"对话框，完成程序的删除或修改。

图 2-14 "应用和功能"窗口

（2）"默认程序"是指在用户双击某个文件后，将会自动启动并在其中打开这个文件的程序。如某文档，可以用"记事本"也可用"写字板"打开它，当用户双击某个文档文件时，系统就会自动启动用户所设置的默认程序来打开该文件。设置默认程序在图 2-14 所示的"默认应用"窗口中进行，单击窗口左侧"默认应用"选项，右侧便会显示 Windows 10 中的收发电子邮件、浏览图片、播放音乐和视频、浏览网页等常规应用所使用的默认程序，如图 2-15 所示。

可以为没有设置默认程序的应用选择一个默认程序，也可以为已经设置了默认程序的应用更改默认程序。在图 2-15 中，单击"按文件类型指定默认应用"链接，打开"按文件类型指定默认应用"窗口。找到需要设置默认应用文件的类型，如.mp4 文件类型，再单击其后的"选择默认应用"按钮，在打开的列表中为当前应用选择一个默认程序。使用类似的方法，用户可以为已有默认程序的应用重新选择默认程序。

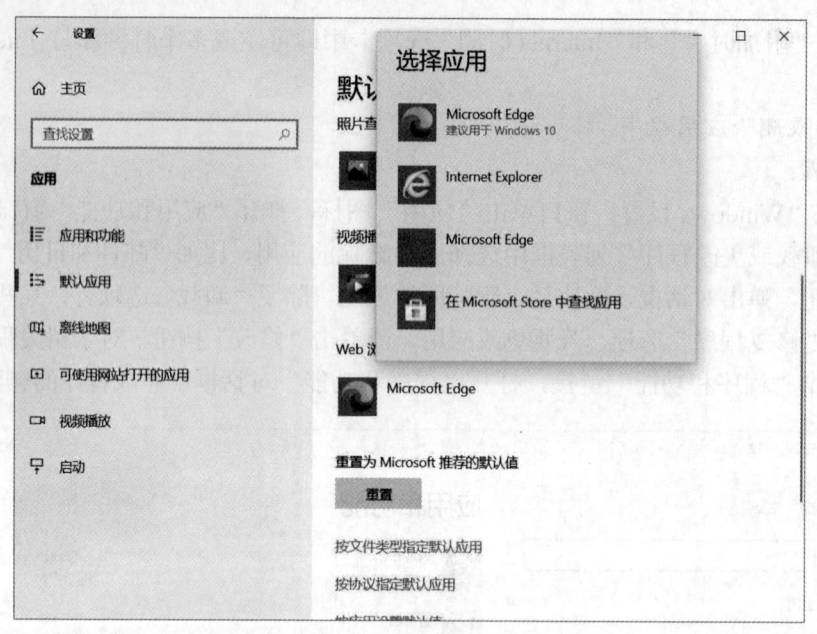

图 2-15 "默认应用"窗口

6. 计算器的使用

操作步骤：

（1）在"开始"菜单中单击"计算器"命令，打开"计算器"窗口，如图 2-16 所示，选择菜单中的"程序员"命令，出现程序员计算器窗口界面。

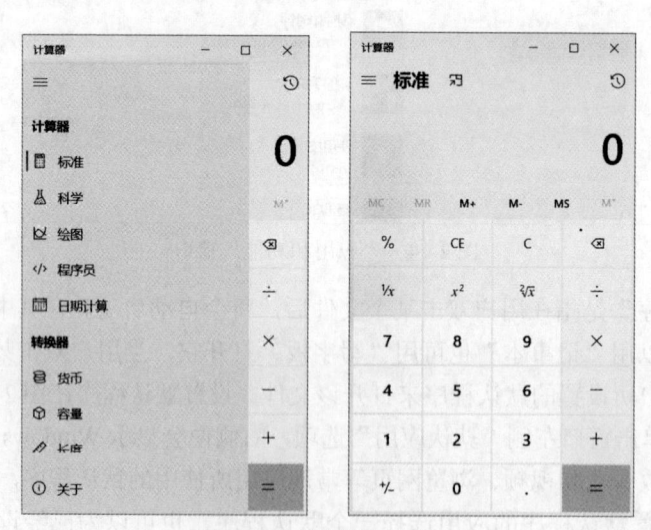

图 2-16 "计算器"窗口

（2）单击"十进制"选项，然后输入"168"（或使用鼠标依次单击"计算器"窗口中的1、6、8 三个按键），即可在界面上显示出二进制数、八进制数、十六进制数。

7. 记事本的应用

操作步骤：

（1）在"开始"菜单中选择"所有应用"→"Windows 附件"→"记事本"命令，将弹出"记事本"窗口,如图 2-17 所示,输入"渔舟唱晚忘却喧嚣"。

图 2-17 "记事本"窗口

(2)单击记事本"文件"→"保存"命令,将弹出"另存为"对话框,如图 2-18 所示,选择保存路径"C:\KAOSHI\Windows\mine\",保存文件名为"boat"。

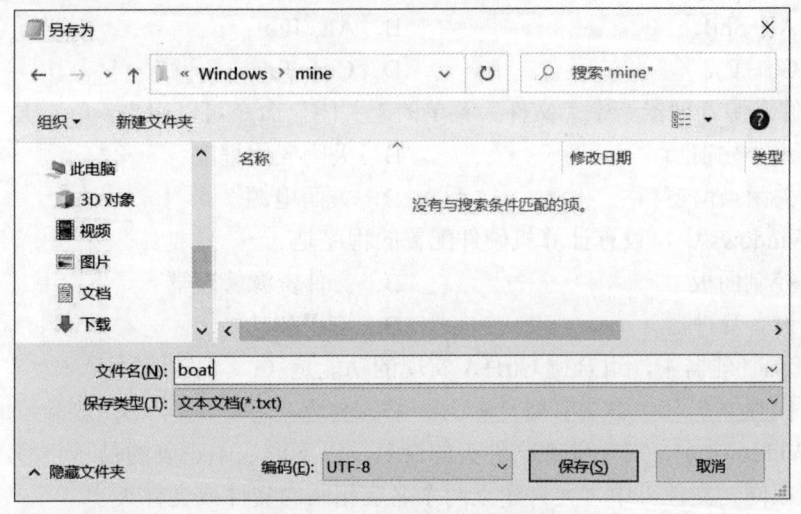

图 2-18 "另存为"对话框

练 习 题

1. Windows 10 是一种（　　）。
   A. 诊断程序　　B. 系统软件　　C. 工具软件　　D. 应用软件
2. 在 Windows 的"文件资源管理器"窗口中,若文件夹图标前面含有▶则表示（　　）。
   A. 含有未展开的子文件夹　　　　B. 无子文件夹
   C. 子文件夹已展开　　　　　　　D. 可选
3. 下列关于回收站的叙述中,正确的是（　　）。
   A. 只能改变位置,不能改变大小
   B. 只能改变大小,不能改变位置

C. 既不能改变位置，也不能改变大小

　　D. 既能改变位置，也能改变大小

4. "回收站"是（　　）文件存放的容器，通过它可恢复误删的文件。

　　A. 已删除　　　　B. 关闭　　　　C. 打开　　　　D. 活动

5. 文件夹中不可存放（　　）。

　　A. 字符　　　　B. 一个文件　　　　C. 文件夹　　　　D. 多个文件

6. 在 Windows 10 的 "Windows 附件" 中不包含的应用程序是（　　）。

　　A. 写字板　　　　B. 画图　　　　C. 记事本　　　　D. Word 2016

7. 记事本文件的扩展名是（　　）。

　　A. .rtf　　　　B. .doc　　　　C. .bmp　　　　D. .txt

8. 路径是用来描述（　　）。

　　A. 文件在磁盘上的位置　　　　B. 程序的执行过程

　　C. 用户的操作步骤　　　　D. 文件在哪个磁盘上

9. （　　）键可用来在任务栏的多个应用程序按钮之间切换。

　　A. Alt+Shift　　　　B. Alt+Tab

　　C. Ctrl+Esc　　　　D. Ctrl+Tab

10. "文件资源管理器"中"文件"菜单的"关闭"命令可以用来（　　）。

　　A. 最小化窗口　　　　B. 关闭应用程序

　　C. 关闭当前窗口　　　　D. 关闭电源

11. 在 Windows 中，设置计算机硬件配置的程序是（　　）。

　　A. 控制面板　　　　B. 文件资源管理器

　　C. 设备管理器　　　　D. 应用和功能

12. 在资源管理器中，组合键 Ctrl+A 实现的功能是（　　）。

　　A. 保存　　　　B. 剪切　　　　C. 全选　　　　D. 删除

13. 在 Windows 中，对文件或文件夹的命名，以下说法中正确的是（　　）。

　　A. 在同一文件夹中，允许建立两个名字相同的文件或文件夹

　　B. 在不同文件夹中，不允许建立两个名字相同的文件或文件夹

　　C. 在同一文件夹中，不允许建立两个名字相同的文件或文件夹

　　D. 无论怎样，都不允许建立两个名字相同的文件或文件夹

14. 在 Windows 中，不能对任务栏进行的操作是（　　）。

　　A. 改变尺寸大小　　　　B. 移动位置

　　C. 删除　　　　D. 隐藏

15. Windows 的文件名长度必须在（　　）字符以内。

　　A. 8 个　　　　B. 32 个　　　　C. 127 个　　　　D. 255 个

16. 在 Windows 10 中，"计算器"程序的文件名是（　　）。

　　A. calc.exe　　　　B. notepad.exe　　　　C. mspaint.exe　　　　D. cad.exe

17. 保存"画图"程序建立的文件时，默认的扩展名为（　　）。

　　A. .png　　　　B. .bmp　　　　C. .gif　　　　D. .jpeg

18. 在 Windows 10 中，被放入"回收站"中的文件仍然占用（　　）。
    A．硬盘空间　　　　　　　　　B．内存空间
    C．软盘空间　　　　　　　　　D．光盘空间
19. 在 Windows 10 中，在"日期和时间"对话框中不可以进行（　　）操作。
    A．更改日期和时间　　　　　　B．设置附加时钟
    C．与 Internet 时间同步　　　　D．设置货币格式
20. 按 Alt+Tab 组合键之后，就会出现的列表框是（　　）。
    A．用户列表框　　　　　　　　B．硬件列表框
    C．任务列表框　　　　　　　　D．设置列表框
21. 文件夹是一个存储文件的组织实体，它采用（　　）结构，用文件夹可以将文件分类管理。
    A．塔型　　　　B．树型　　　　C．网状　　　　D．星型

第 3 章　因特网与网络基础知识

实训 1　连接互联网

一、实训目标

（1）熟悉 TCP/IP 协议的设置方法。
（2）掌握基本的网络测试方法。

二、实训内容

1. 配置 IP 地址

计算机的 IP 地址分配一般有两种形式：一是通过网络中的 DHCP 服务器自动分配；二是在本机上设置静态的 IP 地址信息。前者不需要设置，插上网线一般就可以连接上互联网，后者则需要手动设置。本例将通过手动设置的方式连接到互联网。

某机房规定接入的计算机终端如果要连接互联网，IP 地址需要设置在 192.168.0.100～192.168.0.200 之间，子网掩码为 255.255.255.0，默认网关为 192.168.0.1，首选 DNS 为 192.168.0.1，备选 DNS 为 8.8.8.8。按照上述要求配置计算机的 IP 信息。

完成上述 IP 信息配置的步骤如下：

（1）在计算机桌面上找到"网络"图标并右击，在弹出的快捷菜单中选择"属性"，打开"网络和共享中心"界面，如图 3-1 所示。

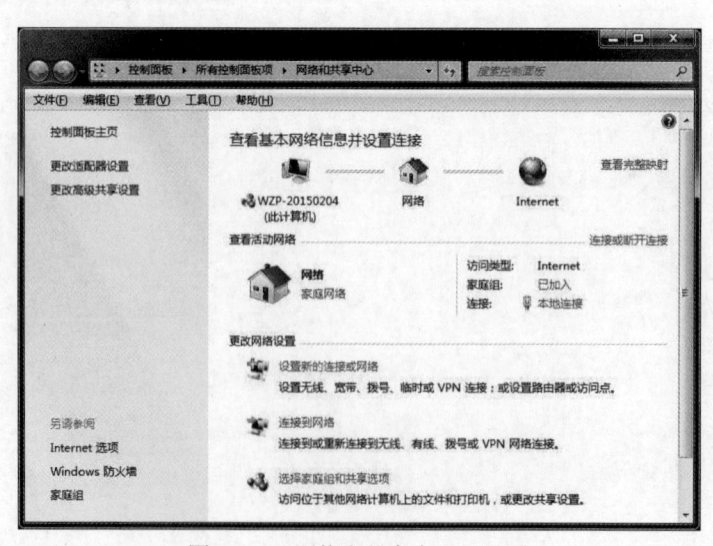

图 3-1　"网络和共享中心"界面

（2）单击"本地连接",弹出"本地连接 状态"对话框,如图 3-2 所示。

图 3-2 "本地连接 状态"对话框

（3）单击"属性"按钮,弹出"本地连接 属性"对话框,如图 3-3 所示,选择"Internet 协议版本 4 (TCP/IPv4)"项后单击"属性"按钮,将弹出"Internet 协议版本 4（TCP/IPv4）属性"对话框,如图 3-4 所示。

图 3-3 "本地连接 属性"对话框　　　　图 3-4 设置 IP 地址

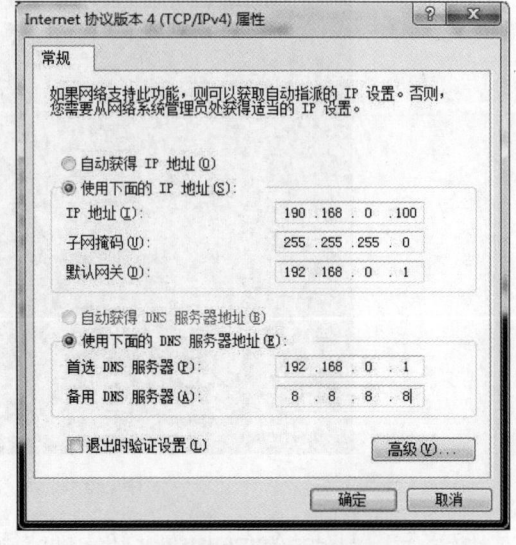

（4）在"IP 地址"栏中输入 192.168.0.100,在"子网掩码"栏中输入 255.255.255.0,在"默认网关"中输入 192.168.0.1,在"首选 DNS 服务器"和"备用 DNS 服务器"中输入 192.168.0.1 和 8.8.8.8,单击"确定"按钮。

2. 测试网络是否畅通

Windows 操作系统提供了一个 ping 工具命令,用来测试网络信号通道是否畅通,使用它可以很方便地了解当前计算机网络的状态。如果遇到网络问题，其测试结果具有很强的参考意义。测试步骤如下：

（1）单击任务栏左侧的"搜索"按钮，在弹出的界面中（图 3-5）输入"cmd"，在"最佳匹配"中单击"命令提示符"，将打开"命令提示符"窗口，如图 3-6 所示。

图 3-5 Windows 搜索

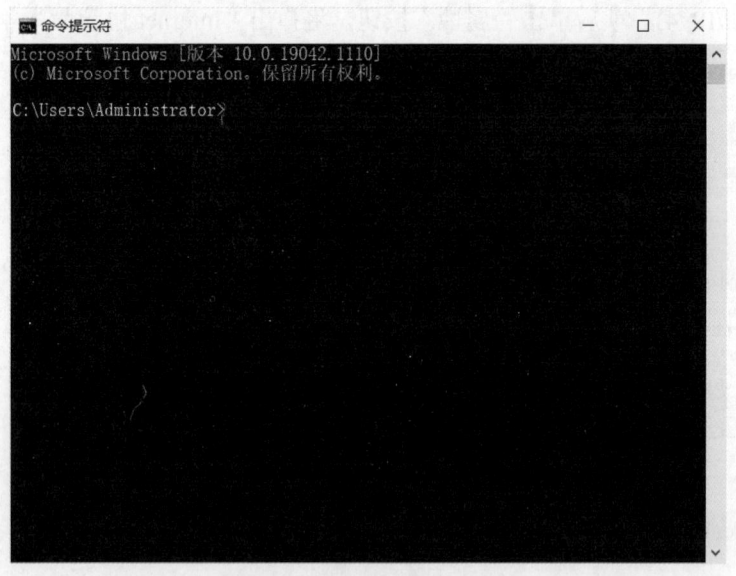

图 3-6 "命令提示符"窗口

（2）在 C:\Users\Administrator>提示符后输入 ping www.baidu.com，按回车键，得到如图 3-7 所示的结果。

从执行结果中可以看出 www.baidu.com 百度官网的 IP 地址是 183.232.231.172，并且看到发送了 4 个数据包，接收到 4 个数据包和未发生丢失数据包的情况，说明计算机访问互联网是畅通的。从数据包往返的时间来看，平均为 79ms，还是比较快的。

拓展： 输入你喜欢的网站域名，如 www.sina.com.cn 新浪官网，看看 ping 命令的连接情况。

图 3-7　ping 命令的执行结果

实训 2　使用 Edge 浏览器访问因特网

一、实训目标

熟悉 Microsoft Edge 浏览器的使用。

二、实训内容

1. Edge 浏览器的使用

Microsoft Edge 是 Windows 10 操作系统内置的一个全新的网页浏览器,它采用了全新的引擎和界面,具有更好的性能和更高的安全性,是 Windows 10 操作系统的默认浏览器。练习使用 Edge 浏览器访问因特网时涉及如下操作:

(1) 单击任务栏中的图标或在"开始"菜单中选择 Microsoft Edge 命令打开浏览器。

(2) 在浏览器地址栏中输入惠州学院网址:https://www.hzu.edu.cn/,然后按回车键,打开惠州学院主页,如图 3-8 所示。

图 3-8　惠州学院主页

（3）在使用 Windows 10 操作系统中的 Microsoft Edge 浏览器浏览网页时，可以使用标签页功能来减少打开的浏览器窗口数量。标签页功能的使用方式分为自动和手动两种。

1）自动方式：如果某个超链接被指定为需要在新窗口中打开它，那么当用户单击这个超链接时，超链接所指向的网页会自动在当前浏览器窗口的新标签页中显示。这意味着 Edge 浏览器会自动添加一个新的标签页，并在其中显示用户单击超链接后打开的网页。

2）手动方式：无论超链接是否被指定为在新窗口中打开，用户都可以在当前浏览器窗口的新标签页中打开超链接指向的网页。右击超链接，在弹出的菜单中选择"在新标签页中打开链接"命令，如图 3-9 所示。或先按住 Ctrl 键，然后单击要打开的超链接。无论使用哪种方法，都会在当前浏览器窗口中新建一个标签页，并在该标签页中打开超链接指向的网页，但是不会自动切换到该标签页中，而是仍然显示打开超链接之前的网页。

图 3-9　在新的标签页中打开链接

提示：如果希望在另一个浏览器窗口而不是在当前浏览器窗口中打开超链接，可以在右击超链接后弹出的菜单中选择"在新窗口中打开链接"命令，如图 3-9 所示。

（4）按住 Ctrl 键后滚动鼠标滚轮，每次会以 5%的增量调整网页的显示比例。向上滚动鼠标滚轮将放大显示比例，向下滚动鼠标滚轮将缩小显示比例。或是单击 Edge 浏览器窗口工具栏中的"…"设置和其他扩展按钮，弹出如图 3-10 所示的菜单，选择"-"或"+"命令将缩小或放大网页的 10%显示。

2．Edge 浏览器的设置

（1）Edge 浏览器地址栏的右侧有一个"阅读视图"按钮，单击该按钮将进入阅读视图。不过在实际使用中用户可能会发现，"阅读视图"按钮并不总是有效的。换言之，并不是打开的任意一个网页都能使用阅读视图，通常只有在文字密集度较高的网页中才能使用阅读视图功能。在进入阅读视图后会自动将原来的多页合并为一页。如果要退出阅读视图，只需再次单击浏览器地址栏右侧的"阅读视图"按钮即可。

（2）Edge 浏览器提供了直接在网页上书写的功能，允许用户在网页上记笔记、添加注释、涂鸦、剪辑网页片段等，最后可以对编辑加工后的网页进行保存并与其他用户共享。在 Edge

浏览器中打开一个网页后，单击工具栏中的"添加备注"按钮，此时整个工具栏显示为紫色，其中的按钮变成了适用于进行网页书写的按钮，这时就可以编辑并共享某网页，为网页中的内容添加笔记，然后将成果笔记发送给他人。

图 3-10　通过菜单设置网页显示比例

（3）为了避免每次访问相同的网页时需要重复输入网页的网址或通过搜索引擎查找指定的网页，可以在第一次打开这些网页时将它们添加到收藏夹中。以后再访问这些网页时，就可以直接从收藏夹中找到并打开它们。将一个网页添加到收藏夹的具体操作步骤如下：

1）在 Edge 浏览器中打开要添加到收藏夹的网页。

2）单击地址栏右侧的"添加到收藏夹"按钮☆，显示如图 3-11 所示的添加界面。然后在"名称"文本框中输入一个用于说明当前网页的内容或功能的易于辨识的名称，该名称将会显示在收藏夹中。在"保存位置"下拉列表中选择"收藏夹"选项，表示将当前网页添加到收藏夹中。

图 3-11　添加到收藏夹

3）设置好后单击"完成"按钮，将当前网页添加到收藏夹中。如果一个网页已经被添加到收藏夹中，在浏览器窗口中打开这个网页时，"收藏夹"按钮☆会显示为实心的五角星，否则会显示为空心的五角星。通过查看其外观可以判断出当前网页是否已被添加成功。

（4）浏览器的主页是指启动浏览器后在窗口中默认显示的页面。可以将每次启动浏览器后固定或最频繁访问的网页设置为主页。设置主页的具体操作步骤如下：

1）单击浏览器窗口工具栏中的"…"设置和其他扩展按钮，然后在弹出的菜单中选择"设置"命令，进入如图 3-12 所示的界面。

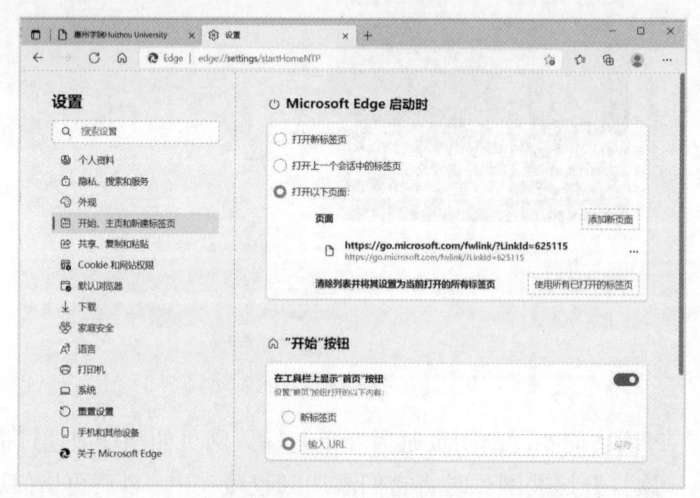

图 3-12　Edge 设置页

2）单击"开始、主页和新建标签页"选项，然后单击"添加新页面"链接，将会弹出一个对话框，可以在"输入 URL"文本框中输入要作为浏览器启动时打开的网页网址 https://www.hzu.edu.cn/，如图 3-13 所示。输入好以后单击"添加"按钮，可将网址添加到主页列表中。如果列表中包含不止一个网址，就表明浏览器包含多个主页。在启动浏览器时会在不同的标签页中打开列表中的每一个主页。

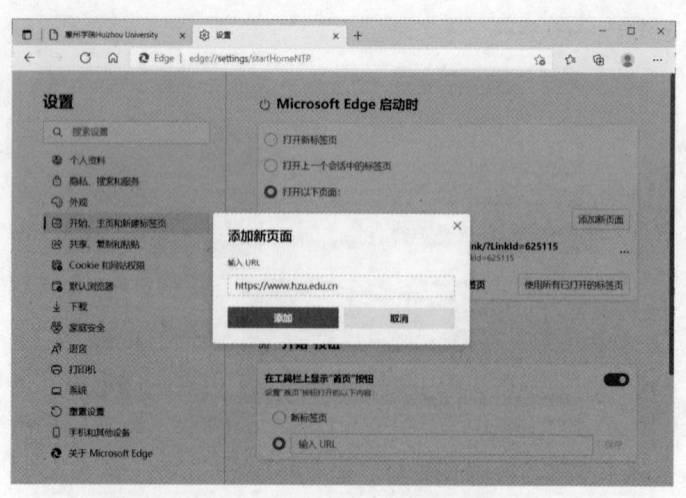

图 3-13　Edge 添加启动新页面

实训 3　安全上网配置

一、实训目标

掌握上网安全配置。

二、实训内容

1. InPrivate 隐身模式

（1）在默认情况下，在使用 Edge 浏览器的过程中，用户的上网操作会被 Edge 浏览器记录下来。如果多个用户使用同一台计算机，那么用户的上网操作记录和个人数据很有可能被别人获取。为了安全考虑，用户可以使用 Edge 浏览器的 InPrivate 隐身模式来浏览网页。在 InPrivate 隐身模式下，用户上网操作的所有数据都只运行于内存中，而不会写入本地磁盘。一旦用户关闭 Edge 浏览器，内存中的上网数据会被立即清除，可以保证用户上网的隐蔽性。

（2）启用 InPrivate 隐身模式来浏览网页有如下的方法：单击浏览器窗口工具栏中的 "…" 设置和其他扩展按钮，然后在弹出的菜单中选择 "新建 InPrivate 窗口" 命令，在浏览器窗口中新建一个 InPrivate 标签页，如图 3-14 所示，进入 InPrivate 浏览模式的窗口。

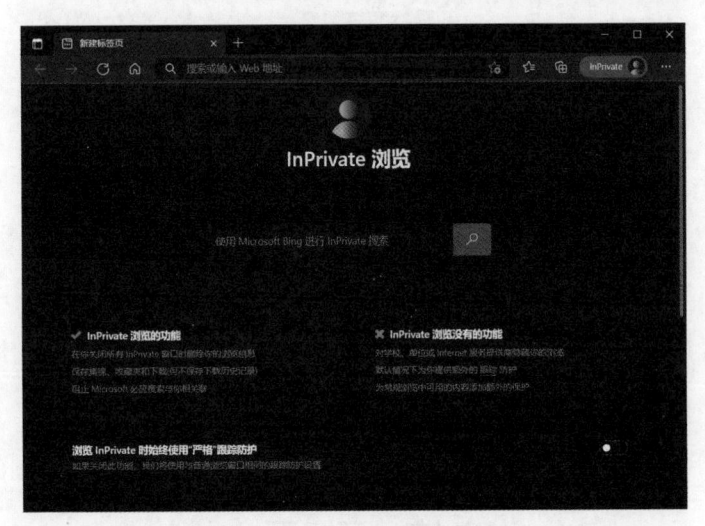

图 3-14　InPrivate 浏览模式

此时，在窗口中进行的操作将只存在于内存中，而不会保存到硬盘中。这意味着用户浏览因特网时产生的历史记录、临时文件、Cookie、用户名和密码等数据，一旦关闭使用 InPrivate 浏览模式的浏览器窗口，都会被自动删除。如果要退出 InPrivate 浏览模式，只需关闭使用 InPrivate 浏览模式的浏览器窗口即可。

2. SmartScreen 筛选器

Edge 浏览器提供了 SmartScreen 筛选器功能，使用该功能可以帮助用户识别仿冒网站和恶意软件，使用户的个人数据和信息（如用户名和密码）不会被轻易盗取，从而避免用户在经济和精神上的损失。除了保护用户的上网安全以外，SmartScreen 筛选器还可以阻止用户下载和安装恶意软件，这是因为 SmartScreen 筛选器已经集成在操作系统的内部。也正因为如此，SmartScreen 筛选器也能对安装在 Windows 10 操作系统中的其他第三方浏览器实施保护措施。

  SmartScreen 筛选器会一直在系统后台运行，由 SmartScreen 服务自动收集用户当前访问的网站，然后将这些网站与已知的仿冒网站和恶意软件网站进行比较。如果发现当前正在访问的网站已经位于仿冒网站或恶意软件网站列表中，则会进入一个阻止访问的页面，同时浏览器窗口的地址栏将以红色显示，以此警告用户当前访问的网站具有危险性。此时用户可以选择绕过被阻止的网站并跳转到主页，或者如果确定当前访问的网站没有问题，则可以继续访问。默认情况下，Edge 浏览器自动开启了 SmartScreen 筛选器功能。如果不想使用该功能，则可以将其关闭，具体操作步骤如下：

  1）单击 Edge 浏览器窗口工具栏中的"…"设置和其他扩展按钮，在弹出的菜单中选择"设置"命令。

  2）在"设置"界面中选择"隐私、搜索和服务"选项，然后在进入的界面中将 Microsoft Defender Smartscreen 设置为关闭状态，如图 3-15 所示。

图 3-15　Edge 浏览器的 SmartScreen 筛选器功能

练 习 题

1．通信线路的主要传输介质有双绞线、（　　）、微波等。
  A．电话线　　　　B．光纤　　　　C．1 类线　　　　D．3 类线

2．因特网实现了分布在世界各地的各类网络的互联，其最基础和核心的协议是（　　）。
  A．FIP　　　　B．HTTP　　　　C．TCP/IP　　　　D．HTML

3．用 IE 浏览器浏览网页时，当鼠标移动到某一位置，鼠标指针变成"小手"，说明该位置有（　　）。
  A．超链接　　　　B．病毒　　　　C．黑客侵入　　　　D．错误

4. 在 TCP/IP 网络环境下，每台主机都分配了一个（　　）位的 IP 地址。
    A．4　　　　　　　B．16　　　　　　C．32　　　　　　D．64
5. 组建以太网时，通常都是用双绞线把若干台计算机连到一个"中心"的设备上，这个设备称为（　　）。
    A．网络适配器　　B．服务器　　　　C．交换机　　　　D．总线
6. 路由选择是 OSI 模型中（　　）层的主要功能。
    A．物理　　　　　B．数据链路　　　C．网络　　　　　D．传输
7. TCP/IP 协议的传输层主要由 TCP 和（　　）两个协议组成。
    A．UDP　　　　　B．Ethernet　　　C．IEEE 802.3　　D．DNS
8. 简写英文（　　），代表广域网。
    A．URL　　　　　B．ISP　　　　　C．LAN　　　　　D．WAN
9. 局域网常用的基本拓扑结构有（　　）、环型和星型。
    A．层次型　　　　B．总线型　　　　C．交换型　　　　D．分组型
10. 双绞线可以用来作为（　　）的传输介质。
    A．只是模拟信号　　　　　　　　　B．只是数字信号
    C．数字信号和模拟信号　　　　　　D．模拟信号和基带信号
11. 双绞线中的绞合，有利于（　　）。
    A．减少电磁干扰　　　　　　　　　B．线对间的信号绞合
    C．消除负载　　　　　　　　　　　D．增加电缆强度
12. 因特网最初创建的目的是（　　）。
    A．经济　　　　　B．军事　　　　　C．教育　　　　　D．政治
13. 域名用来标识（　　）。
    A．不同的地域　　　　　　　　　　B．因特网中特定的主机
    C．不同风格的网站　　　　　　　　D．以上都不对
14. 在因特网的域名中，代表计算机所在国家的符号".cn"是指（　　）。
    A．中国　　　　　B．美国　　　　　C．英国　　　　　D．德国
15. 一个学校的内部网络一般属于（　　）。
    A．城域网　　　　B．局域网　　　　C．广域网　　　　D．互联网
16. 以下不是网络拓扑结构的是（　　）。
    A．总线型　　　　B．星型　　　　　C．开放型　　　　D．环型
17. 通过一根传输线路将网络中所有结点（即计算机）连接起来，这种拓扑结构是（　　）。
    A．总线拓扑结构　　　　　　　　　B．星型拓扑结构
    C．环型拓扑结构　　　　　　　　　D．以上都不是
18. 下列关于 IP 地址的说法中错误的是（　　）。
    A．一个 IP 地址只能标识网络中的唯一的一台计算机
    B．IP 地址一般用点分十进制表示
    C．地址 202.192.224.256 是一个合法的 IP 地址
    D．同一个网络中不能有两台计算机的 IP 地址相同

19. 能唯一标识因特网中每一台主机的是（　　）。
    A．用户名　　　　B．IP 地址　　　　C．用户密码　　　　D．使用权限
20. 在因特网中，主机的 IP 地址与域名的关系是（　　）。
    A．IP 地址是域名中部分信息的表示
    B．域名是 IP 地址中部分信息的表示
    C．IP 地址和域名是等价的
    D．IP 地址和域名分别表达不同的含义
21. 下列的英文缩写和中文名字的对照中，正确的是（　　）。
    A．ISP——因特网服务程序　　　　B．WAN——广域网
    C．HTTP——可扩展的标记语言　　D．TCP——因特网协议

第 4 章　人工智能技术应用

实训 1　认识常用的人工智能平台

一、实训目标

（1）熟悉常见的生成式人工智能平台。
（2）掌握基本的生成式人工智能平台的注册和登录方法。

二、实训内容

1. 常见生成式人工智能平台简介

（1）Kimi.ai。Kimi.ai 是由北京月之暗面科技有限公司（Moonshot AI）开发的人工智能助手，它以其强大的多语言处理能力和长文本理解能力著称。Kimi.ai 的主要功能包括长文本处理、多语言支持、文件处理、实时联网功能、图像文本提取能力、多文件整理功能以及代码生成功能。它能够处理长达 200 万字的"长文本"输入，大量信息的处理能力非常强大。

Kimi.ai 界面如图 4-1 所示。

图 4-1　Kimi.ai 界面

（2）智谱清言。智谱清言是由北京智谱华章科技有限公司推出的生成式 AI 助手，它基于智谱 AI 自主研发的中英双语对话模型 ChatGLM2，经过万亿字符的文本与代码预训练，并采用监督微调技术。智谱清言于 2023 年 8 月 31 日正式上线，旨在为用户提供智能化服务，包括通用问答、多轮对话、创意写作、代码生成以及虚拟对话等功能。

"智谱清言"界面如图 4-2 所示。

图 4-2 "智谱清言"界面

（3）通义千问。通义千问是由阿里云自主研发的大语言模型，主要用于理解和分析用户输入的自然语言，在不同领域、任务内为用户提供服务和帮助。该模型支持中文、英文等多种语言输入，适用于文字创作、文本处理、编程辅助、翻译服务、对话模拟等多种场景。通义千问还包括一个大规模视觉语言模型（LVLM），能够处理图像、文本、检测框等输入，并支持中文多模态对话及多图对话。

"通义千问"界面如图 4-3 所示。

图 4-3 "通义千问"界面

（4）讯飞星火。讯飞星火大模型是由科大讯飞推出的大型自然语言处理模型，它基于深度学习技术构建，使用了海量的中文文本数据进行训练，可以实现多种自然语言处理任务，包括问答系统、机器翻译、文本分类等。讯飞星火大模型具备七大核心能力，分别是文本生成、语言理解、知识问答、逻辑推理、数学能力、代码能力、多模交互。这些能力让它能够在多个领域中发挥作用，如可用于智能客服、智能翻译、智能写作、智能教育、智能医疗等多个领域，它还能够为开发者提供代码生成、代码修改、代码理解以及步骤编译等功能。

"讯飞星火"界面如图 4-4 所示。

（5）天工 AI。天工 AI 大模型是由昆仑万维研发的大语言模型，提供强大的自然语言处理和智能交互能力。"天工 3.0"基座大模型与旗下的"天工 SkyMusic"音乐大模型已正式开启公测，可以用 AI 生成音乐歌曲。此外，昆仑万维还推出了"天工 SkyAgents"，这是一个基于天工大模型的 AI Agent 开发平台，允许用户无须具备编程能力即可部署属于自己的智能体。

"天工 AI"界面如图 4-5 所示。

图 4-4 "讯飞星火"界面

图 4-5 "天工 AI"界面

2. 常见生成式人工智能注册使用方法

上述的几个人工智能大模型均可免费使用，它们注册的方法都非常简单，通常只需要输入手机号码接收验证码，输入验证码就即可登录使用。以 Kimi.ai 为例说明注册登录方法。

（1）在浏览器地址栏输入 Kimi.ai 的网址。

（2）在屏幕左下角单击"登录"，如图 4-6 所示。

图 4-6　Kimi.ai 界面

（3）在 Kimi.ai 登录界面中输入手机号，接收并输入验证码登录或微信扫码登录，如图 4-7 所示。

图 4-7　Kimi.ai 登录界面

实训 2　使用提示语

一、实训目标

（1）熟悉使用提示语与生成式人工智能对话的方法。
（2）掌握基本的提示语模型。

二、实训内容

1. 提示语及其设计要求

与人工智能大模型进行交互的最常见方式是文本交互。用户通过输入文本指令或问题与模型进行交互；模型根据输入的文本理解用户的意图，并生成相应的文本输出。在文本交互过程中，最重要的就是设计提示语。所谓提示语，也称为提示词，是指用来引导大型语言模型生成特定内容的指令或信息。它可以是简短的词语，也可以是完整的句子，甚至是一段文字。提示语的作用是为模型提供上下文和方向，帮助模型理解用户的意图，并生成符合要求的输出。提示语的设计对于模型的输出质量至关重要。一个好的提示语应该清晰、简洁、具体，并能够准确地传达用户的意图。

为了编写高质量的提示语，需遵循以下原则：

（1）清晰性。清晰性是指在设计提示语时，所使用的词汇和句子应该直截了当地表达出想要询问或探讨的内容，避免使用可能导致混淆或误解的复杂表达或双关语。如果涉及专业术语或可能引起混淆的词汇，应当给出明确的定义或解释。这样可以确保语言模型能够准确理解并回应用户的需求。

例如，一个清晰的提示语可能是："请列出北京市内排名前十的旅游景点。"这个提示语直接指明了地点（北京市）、数量（排名前十）和询问对象（旅游景点），没有歧义。

相对地，一个不清晰的提示语可能是："今年最流行的智能手机是什么？"这里"今年"和"最流行"都是模糊的表述，因为"今年"可能指的是提问时的任何时间点，而"最流行"的标准并不明确。此外，也没有指定地区或市场，这使得回答变得困难。

（2）聚焦性。聚焦性是指在设计提示语时，应该集中于一个特定的主题或问题点，避免过于宽泛或含糊不清。提示语应该具体到足以引导语言模型集中注意力，并提供有针对性的回答。使用过于抽象或开放的提示语可能导致语言模型难以确定如何精确地回应，从而产生泛泛而谈或不相关的答案。

例如，一个聚焦的提示语可能是："请解释牛顿的第三定律及其在现代物理学中的应用。"这个提示语明确指出了要讨论的物理定律，并要求解释其应用，从而引导模型给出一个具体且深入的回答。

不聚焦的提示语可能是："你了解科学吗？"这个问题太过宽泛，没有指明科学的具体领域或要探讨的特定主题，因此很难得到一个具体且有用的回答。

（3）相关性。相关性是指在与语言模型进行对话时，所提供的提示语应该与当前的讨论主题或内容紧密相关。这样做可以确保对话的连贯性，避免引入无关的信息，从而降低沟通的复杂性并提高效率。在设计提示语时，应该考虑使用与当前话题直接相关的术语或短语，以保持对话的焦点和深度。

例如，如果用户正在讨论关于健康饮食的话题，一个相关的提示语可能是："请推荐一些富含蛋白质的素食食谱。"这个提示语与健康饮食的主题紧密相关，并具体到了蛋白质这一营养成分，有助于模型提供针对性的建议。

不相关或离题的提示语可能是："你知道最新的科技趋势吗？"这个提示语与健康饮食的话题没有直接联系，引入了一个新的话题，可能会导致对话偏离原有的轨道。

（4）简洁性。简洁性是指在设计提示语时，应该尽量使用简短而直接的表达方式，避免冗余或不必要的描述。简洁的提示语有助于语言模型更加精确地理解用户的意图，并生成更加有针对性和相关的回答。过多的词汇和复杂的句式可能会分散语言模型的注意力，从而影响其提供高质量反馈的能力。

例如，一个简洁的提示语可能是："如何预防电脑病毒？"这个提示语直接询问了预防措施，没有多余的信息，使得模型能够快速地提供相关建议。

相反，一个冗长的提示语可能是："在当今这个数字化的时代，我们几乎每天都依赖计算机来完成各种任务，无论是工作还是娱乐，计算机都扮演着一个非常重要的角色。但是，我们也知道计算机有时会受到病毒的攻击，这不仅会损害我们的计算机程序，还可能导致我们的数据丢失。那么，我们应该如何采取措施来保护我们的计算机不受这些恶意软件的侵害呢？"虽然这个提示语提供了背景信息，但它过于冗长，可能会让模型难以快速识别核心问题。

2. 提示语设计举例

（1）指定回复的格式或结构。在设计提示语时，为了使人工智能大模型的回复更加有条理和易于理解，可以明确指定回复的格式或结构。通过在提示语中指定回复的格式或结构，可以指导模型按照特定的格式来组织和呈现信息。这种方法特别适用于需要结构化数据或特定输出格式的情况。

例如，如果用户想要了解不同语言中某个单词的翻译，可以设计一个提示语，要求模型以表格形式列出这些翻译。这样，模型不仅会提供翻译，还会以一种清晰、有组织的方式展示它们。

提示语是：

> 请使用 Markdown 语言创建一个表格，列出名词"水星""金星""地球"和"火星"在汉语、英语、韩语和日语中的表述方式。

大模型输出的结果为：

```
| 汉语  | 英语     | 韩语   | 日语     |
| ----- | -------- | ------ | -------- |
| 水星  | Mercury  | 수성   | すいせい |
| 金星  | Venus    | 금성   | きんせい |
| 地球  | Earth    | 지구   | ちきゅう |
| 火星  | Mars     | 화성   | かせい   |
```

这个表格利用了 Markdown 的管道符号"|"来分隔不同的列，并且使用连字符"-"来创建表头的分隔线，以此来确保表格的格式清晰且整齐。可以将此 Markdown 代码复制到支持 Markdown 的编辑器或平台中，以查看格式化后的表格。例如可将上述 Markdown 代码粘贴到开源软件 MarkText❶之中，即可见到如图 4-8 所示的表格。

汉语	英语	韩语	日语
水星	Mercury	수성	すいせい
金星	Venus	금성	きんせい
地球	Earth	지구	ちきゅう
火星	Mars	화성	かせい

图 4-8　Markdown 代码在 MarkText 软件中的显示效果

（2）指定语言风格。在与人工智能大模型交互时，如果希望模型的回复能够呈现出特定的语气或风格，可以在提示语中明确指定所需的风格。通过加入"以……风格"的表述，可以引导模型模仿特定类型的语言风格，模型的回复将尝试采纳该类型的语言特色，使得内容更加引人入胜和有趣。例如，用户可以选择模仿海明威的简洁风格、莎士比亚的抒情风格，或者是鲁迅的深刻、自然、朴实的文风。每种风格都会给回复带来独特的韵味和色彩。

原始提示语可能是："请描述一下你的家乡。"

如果用户希望模型以鲁迅的文风回复，提示语可以设计如下：

> 请以鲁迅精粹、自然、朴实的风格描述一下你的家乡。

根据这个提示语，模型可能会生成如下的回答：

---

❶ MarkText 可从网上下载，该软件为开源软件，免费使用。

> 我的家乡，并非名胜古迹之地，亦无繁华街市之喧嚣。那里有的，只是几条曲折的小巷，几间破旧的瓦房，以及四季更迭中不变的稻田。然而，正是这片土地，养育了一方百姓，承载了无数平凡而真实的生活。

（3）指定扮演角色。在与人工智能大模型的对话中，可以通过在提示语中加入"扮演……"的指示，来引导人工智能大模型以特定的角色回答问题。这种技巧不仅能够增加对话的吸引力，还能模拟出更加真实的场景体验。例如，可以要求人工智能大模型扮演美食家，那么它将以一位对食物有着深刻见解和独到品位的美食家的身份，推荐一些精选的美食。或者，也可以指示人工智能大模型扮演历史学家，它将运用历史学家的知识和洞察力，讲述食物背后的历史故事。"扮演……"这种技巧，能够开启无限可能性的对话，让交流变得更加丰富和多维。当想要结束这种角色扮演时，只需简单地告诉人工智能大模型"不要再扮演……"即可。"
例如提问：

> 请以美食家的身份，描述一下东江盐焗鸡这道菜。

模型的一个回答如下：

> 东江盐焗鸡，源自中国广东省的东江流域，是一道历史悠久、风味独特的地方特色菜。这道菜的制作工艺讲究，选用的通常是三黄鸡，即黄羽、黄喙、黄脚的鸡种，因其肉质细嫩、味道鲜美而闻名。
> 　　制作盐焗鸡的过程，首先是将鸡宰杀洗净，去除内脏后，用料酒、盐和各种香料腌制数小时，让香料的味道充分渗透到鸡肉之中。接着，将腌好的鸡用纸包裹，外层再裹上一层厚厚的粗盐，然后埋入预热的砂锅中，利用砂锅的高温和粗盐的热导性，将鸡肉焗至金黄，外皮酥脆，内里多汁。
> 　　东江盐焗鸡的特点是皮脆肉嫩，香气四溢。当您打开包裹着鸡肉的纸包时，一股浓郁的香气扑鼻而来，让人垂涎欲滴。鸡肉的口感层次分明，外皮的酥脆与内里的嫩滑形成鲜明对比，而香料的运用则让鸡肉的味道更加丰富，既有鸡肉本身的鲜美，又有香料带来的香气。
> 　　食用时，可以搭配一些简单的蘸料，如蒜泥、酱油或是辣椒油，以增加风味。这不仅是味蕾的享受，更是一次深入了解中国饮食文化的旅程。
> 　　东江盐焗鸡的制作技艺，体现了中国烹饪艺术的精湛和对食材本味的追求。它不仅仅是一道菜，更是一种文化的传承和地方特色的展现。对于美食爱好者来说，东江盐焗鸡绝对值得一试。

（4）模拟辩论。在处理一些争议性话题时，模拟一场辩论，代表争议双方提出论点。人工智能大模型的目标是将问题的讨论引向深入，帮助用户从多个角度理解问题，而不是仅仅停留在表面的模糊认识上。

举例来说，人工智能（AI）的出现无疑是技术领域的一大飞跃，它的强大功能给人类社会带来了许多积极的变化。但同时，也引发了人们对于未来可能被 AI 取代的担忧。在这种情况下，就"人类是否应该继续发展 AI"这一问题，展开一场正反两方的辩论。提示语设计如下：

> 以正反双方辩论的方式，分析一下 AI 对我国教育的冲击。

根据这个提示语，模型可能会生成如下的回答：

> **正方观点：AI 对教育的积极影响**
> 1. 个性化学习：AI 可以分析学生的学习习惯和能力，提供个性化的学习计划和资源，帮助学生更有效地掌握知识。
> 2. 资源优化：AI 有助于优化教育资源分配，尤其是在偏远地区，通过在线教育平台，学生可以获得与城市学生相同的高质量教育资源。
> 3. 教学辅助：AI 可以承担一些重复性的教学任务，如自动批改选择题，释放教师的时间，让他们能够更专注于学生的个性化指导和创新教学方法。
> 4. 早期干预：通过分析学生的表现，AI 可以帮助教师及早发现学习困难的学生，及时提供帮助，减少学生掉队的情况。
> 5. 终身学习：AI 技术的发展促进了终身学习的理念，使得学习不再局限于学校，而是可以持续进行，适应快速变化的社会和职场需求。
>
> **反方观点：AI 对教育的潜在风险**
> 1. 教师角色变化：AI 的介入可能会改变教师的传统角色，一些教师担心自己的作用会被机器取代，从而感到职业不安全。
> 2. 技术鸿沟：如果教育资源的数字化转型不均衡，可能会加剧城乡、贫富之间的教育差距，造成新的不平等问题。
> 3. 隐私和安全问题：AI 在教育中的应用需要收集和分析大量学生数据，这引发了对学生隐私保护和数据安全的担忧。
> 4. 缺乏人性化互动：AI 可能无法完全替代教师与学生之间的情感交流和启发式教学，这可能导致教育过程中人文关怀的缺失。
> 5. 依赖性问题：过度依赖 AI 教学工具可能会削弱学生的自主学习能力和解决问题的能力，因为学生可能习惯于依赖技术来获取答案。
>
> **结论**
> AI 对教育的冲击是一个复杂的问题，它既有可能带来革命性的教学改革，也有可能带来一些挑战和风险。关键在于如何平衡 AI 的优势和潜在的负面影响，制定合理的政策和规范，确保 AI 技术能够为教育带来积极的变化，同时保护学生的利益和教育的人性化本质。通过持续的研究、对话和合作，可以最大化 AI 在教育领域的正面作用，同时减少其潜在的负面后果。

（5）小样本学习。小样本学习是指提供一些明确的示例来指导模型内容生成，以输出所需任务的答案，一般用于识别和分类新物体或概念。通常情况下，样本示例的数量为 2～10 个。只有一个示例的学习称为单次学习。例如，在人工智能大模型中，可以使用基于提示的小样本学习来处理书籍摘要列表。通过给出一些书籍摘要及其相关类型的例子，模型可以学习如何正确地为新的摘要应用正确的类型标签。

提示语设计如下：

> 请学习以下书籍摘要及其类型的例子：
> 摘要：在一个被战争撕裂的王国中，一位年轻的王子踏上了寻找和平的旅程。类型：奇幻
> 摘要：一名侦探通过细致的观察和逻辑推理，逐步揭开了一个复杂案件的真相。类型：悬疑
> 摘要：一位勇敢的宇航员在遥远的星系中发现了新的文明，并开始了一场跨星际的交流。类型：科幻
> 摘要：通过一系列精心设计的实验，科学家们揭示了人类记忆的奥秘。类型：非虚构
> 根据你学习的例子，请依据以下书籍摘要对图书进行分类：
> 摘要：在 20 世纪初的纽约，一位年轻的女子努力在男性主导的金融世界中寻找自己的位置。

模型的回答如下：

> 　　基于上述提供的摘要和类型的示例，人工智能大模型将学习这些摘要中的关键词汇和主题，并将它们与相应的类型关联起来。在新的摘要中，关键词如"20 世纪初""纽约""年轻女子"和"金融世界"表明这是一个关于个人奋斗和职业成长的故事，可能发生在现实世界背景下，而非奇幻或科幻设定。
> 　　因此，考虑到这些信息，人工智能大模型可能会将新的摘要分类为：
> 　　类型：历史/传记（考虑到故事背景和主题，这个类型比非虚构更具体，但仍然符合现实世界主题的分类）

（6）使用提示语优化器。如果用户在设计提示语时不太熟练，或者做得效果不太好，可以尝试使用提示语优化器。例如在 Kimi.ai 中带有常用提示语调用器，其内置一系列经过优化的提示语，如图 4-9 和图 4-10 所示。

图 4-9　Kimi.ai 中的常用提示语调用器

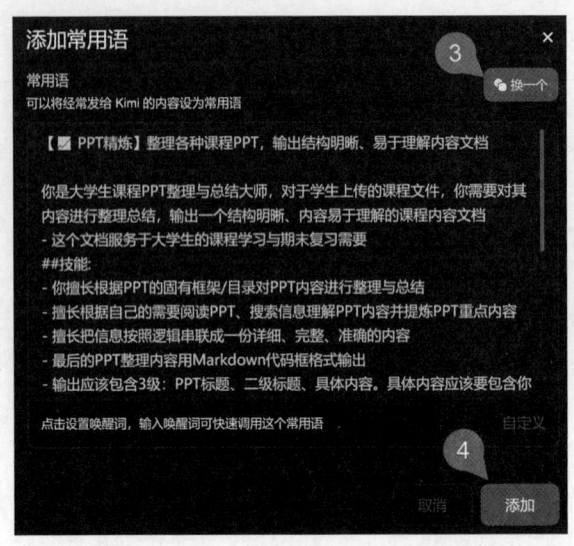

图 4-10　Kimi.ai 中添加经过优化的提示语

实训 3　生 成 图 表

一、实训目标

熟练掌握运用人工智能大模型生成思维导图、甘特图的方法。

二、实训内容

1. 绘制思维导图

思维导图是一种可视化工具，它用图形和线条来表达事物之间的关系，就像一棵树一样，从中心主题向外扩展分支，帮助理清思路，更好地理解和记忆。

人工智能大模型通常不能直接绘制思维导图，往往需要与第三方绘图工具联合才能完成绘制任务。

人工智能大模型负责头脑风暴：告诉人工智能大模型中心主题或文本，它会自动生成相关的想法、关键词和分支主题。

第三方绘图工具负责视觉呈现：将人工智能大模型生成的内容输入第三方绘图工具，工具即可创建美观、清晰的思维导图。还可以添加颜色、图标、图片等元素，让思维导图更生动、更易于理解。

以创建《中华人民共和国专利法（2020 年修正）》思维导图为例，介绍绘制过程。

（1）获取内容文本。获取《中华人民共和国专利法（2020 年修正）》文本，可存成 Word 文档或 PDF 文档。

（2）用人工智能大模型生成 Markdown 格式的思维导图代码。以 Kimi.ai 为例。可将内容文本上传，如图 4-11 所示。

图 4-11　在 Kimi.ai 上传《中华人民共和国专利法（2020 年修正）》文本

使用以下提示语：

> 请阅读《中华人民共和国专利法（2020 年修正）》文本，并用 Markdown 语言生成思维导图代码。

Kimi.ai 输出的思维导图 Markdown 代码如图 4-12 所示。

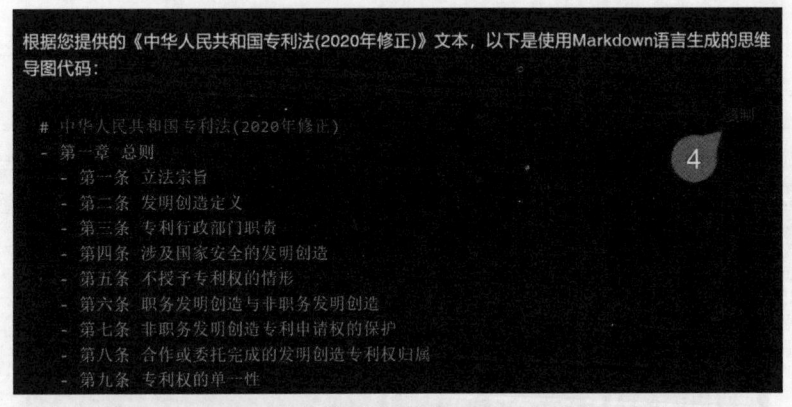

图 4-12　Kimi.ai 输出的思维导图 Markdown 代码（部分）

复制上述源代码。将上述源代码粘贴到 Markmap 网站代码框中（在页面左边），即可生成对应的思维导图，如图 4-13 所示。

2. 绘制甘特图

甘特图是一种可视化工具，它用条形图来展示项目进度，横轴表示时间，纵轴表示任务，每个任务的长度表示其持续时间，帮助用户清晰地了解项目的时间安排、任务依赖关系以及整体进度。

人工智能大模型通常不能直接绘制甘特图，也需要借助第三方绘图工具才能完成绘制任务。

人工智能大模型负责任务分解：将项目目标或描述输入人工智能大模型，它会自动将项目分解成一系列子任务，并分析任务之间的依赖关系。

第三方绘图工具负责视觉呈现：将人工智能大模型生成的任务列表和依赖关系输入第三方绘图工具，工具会自动生成甘特图，直观地展示项目进度。还可以根据实际情况调整任务的开始时间、结束时间和持续时间,并添加里程碑、资源分配等信息,让甘特图更详细、更实用。

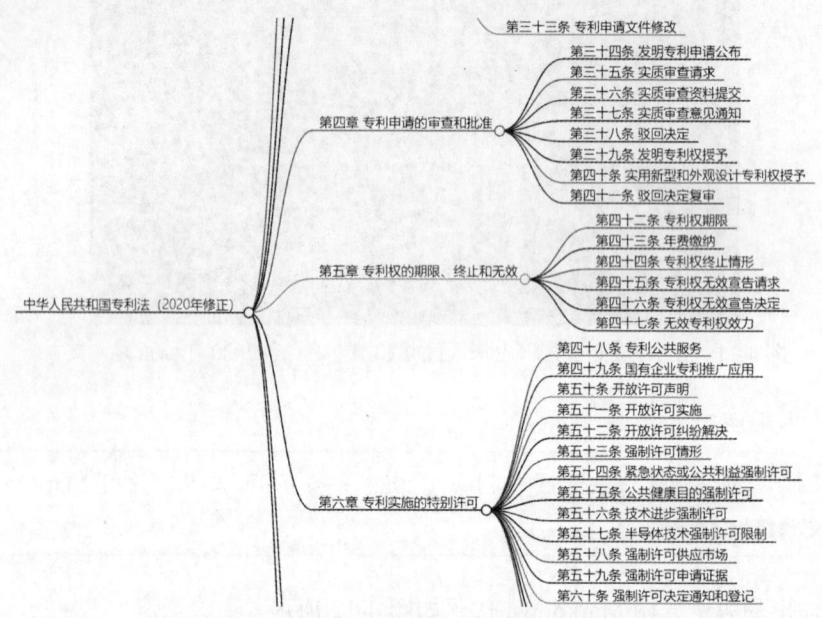

图 4-13　在 Markmap 网站上自动绘制出思维导图

(1) 初步规划产品开发计划。大概规划出新产品的开发计划,如市场调研、产品设计、开发、测试、发布等。然后使用以下提示语:

> 我计划开发一个预防近视眼台灯,请你帮我制订一个开发计划,包括市场调研、产品设计、开发、测试、发布等阶段,并用 Mermaid 语言生成甘特图代码。

人工智能大模型输出的甘特图 Mermaid 代码如图 4-14 所示。

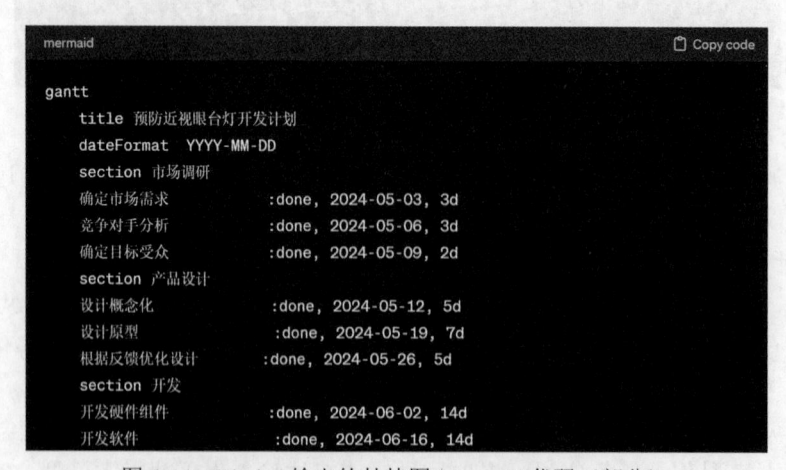

```
mermaid                                              Copy code

gantt
    title 预防近视眼台灯开发计划
    dateFormat  YYYY-MM-DD
    section 市场调研
    确定市场需求           :done, 2024-05-03, 3d
    竞争对手分析           :done, 2024-05-06, 3d
    确定目标受众           :done, 2024-05-09, 2d
    section 产品设计
    设计概念化            :done, 2024-05-12, 5d
    设计原型             :done, 2024-05-19, 7d
    根据反馈优化设计        :done, 2024-05-26, 5d
    section 开发
    开发硬件组件           :done, 2024-06-02, 14d
    开发软件             :done, 2024-06-16, 14d
```

图 4-14　Kimi.ai 输出的甘特图 Mermaid 代码(部分)

(2) 复制上述源代码。打开 Mermaid 网站,将上述源代码粘贴到该网站代码框中(在页面左边),即可生成对应的甘特图,如图 4-15 所示。

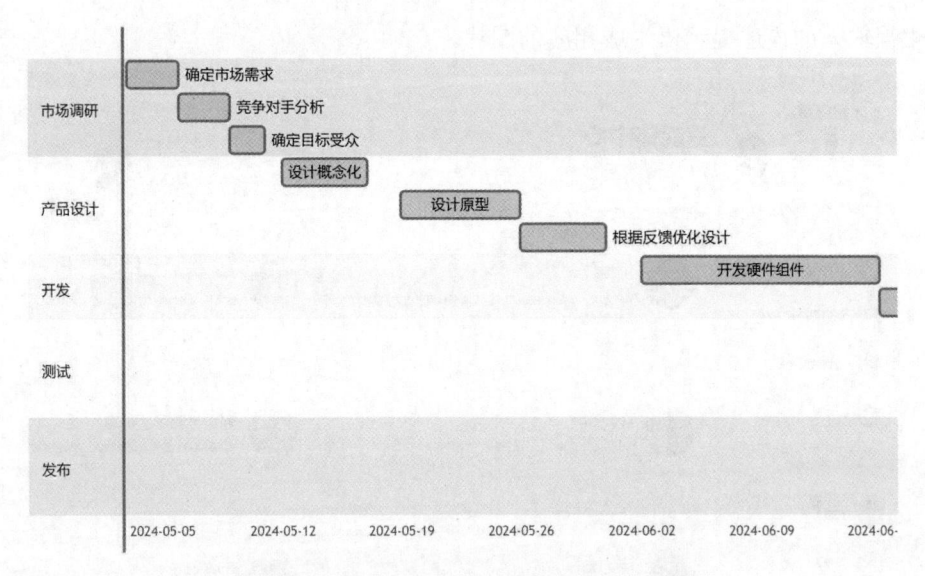

图 4-15　在 Mermaid 网站上自动绘制出甘特图

实训 4　绘 制 图 片

一、实训目标

（1）熟练掌握运用人工智能大模型绘制图片的简单方法。
（2）熟练掌握运用提示语优化器辅助生成绘图提示语进而优化绘图效果的方法。
（3）掌握用星火大模型创建有声绘本的方法。

二、实训内容

多模态的人工智能大模型可以通过语言描述的方式生成图片，即所谓的"文生图"功能。文生图（Text-to-Image）技术是一种基于人工智能的图像生成技术，它能够根据用户的文本描述生成相应的图像。这种技术通常涉及深度学习和自然语言处理的结合，通过大量的图像和文字数据训练，模型能够理解文字与图像之间的关联，进而根据文字描述生成相应的图像。生图技术在多个领域都有应用，包括艺术创作、广告创意、游戏和影视制作、专业设计等。它可以快速高效地生成绘画作品、服装纹理、艺术素材等，为各行业提供灵感和创意。此外，它还可以根据用户的需求生成个性化的广告，缩短制作成本和时间。国产的人工智能大模型，如智谱清言、天工 AI 等均具备文生图功能。本书以"智谱清言"大模型为例介绍文生图的方法。

"智谱清言"的文生图功能由其自带的"智能体"提供。

（1）打开"智谱清言"的绘图"智能体"。如图 4-16 所示，首先需要进入"智能体中心"界面，在众多的分类中，找到并单击"AI 绘画"这一类别，这将展示出所有与绘图相关的智能体选项。接下来，可以浏览并选择一个合适的绘画智能体来使用。例如，"AI 画图"智能体，它能够根据输入的描述提示语生成相应的图片。

图 4-16 "智能体中心"界面

（2）在绘图智能体中输入提示语生成图片。可以启动相应的绘图智能体，随后输入图片描述提示语，从而实现由文字生成图片的功能。如图 4-17 所示，这张图片是由"AI 画图"智能体生成的，其对应的提示语位于图片下方。这个提示语是对图片内容的简短描述，用于指导智能体生成相应的图像。使用这种方法，用户可以快速地生成具有特定主题和风格的图片，而无需自己动手绘制。这种方法在许多应用场景中都非常有用，例如艺术创作、游戏开发等。

（a）提示语：请生成一幅熊猫吃竹子的图片

图 4-17（一） "智谱清言"的"AI 画图"智能体生成的图片

（b）提示语：生成一幅"飞流直下三千尺"意境的画作

图 4-17（二）　"智谱清言"的"AI 画图"智能体生成的图片

（3）利用提示语优化器优化绘图提示语。如果用户在设计提示语时不太熟练，或者发现生成的图片与预期效果存在较大差异，可以尝试使用提示语优化器来改进和提升提示语的质量。提示语优化器是一种辅助工具，它可以根据用户输入的提示语进行分析和优化，提供更加精准和有效的描述，从而帮助用户生成更符合期望的图片。提示语优化器的工作原理是通过分析用户输入的提示语，结合大量的训练数据和先验知识，找出其中的关键信息并进行提炼和强化。通过对提示语的优化，可以使得 AI 绘图智能体更好地理解用户的需求，从而生成更高质量的图片。

使用时需先找到绘图提示语优化器，方法如图 4-18 所示。

图 4-18　输入检索词"画 提示"

用户只需要将原本的提示语输入到优化器中，优化器会自动进行分析和处理，并给出优化后的提示语。用户可以根据优化后的提示语重新生成图片,通常能够获得更好的效果。

例如,要画一幅"清晨、故宫、薄雾弥漫"的图片,只需要在"AI 绘画提示词大师"中输入该提示语,就能得到经过优化的提示语。如图 4-19 所示。

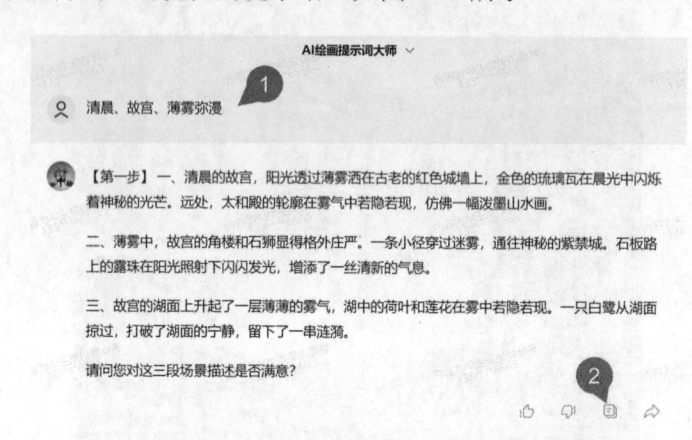

图 4-19 通过"AI 绘画提示词大师"优化绘图提示语

经此方法可得到优化后的提示语如下:

> 一、清晨的故宫,阳光透过薄雾洒在古老的红色城墙上,金色的琉璃瓦在晨光中闪烁着神秘的光芒。远处,太和殿的轮廓在雾气中若隐若现,仿佛一幅泼墨山水画。
> 二、薄雾中,故宫的角楼和石狮显得格外庄严。一条小径穿过迷雾,通往神秘的紫禁城。石板路上的露珠在阳光照射下闪闪发光,增添了一丝清新的气息。
> 三、故宫的湖面上升起了一层薄薄的雾气,湖中的荷叶和莲花在雾中若隐若现。一只白鹭从湖面掠过,打破了湖面的宁静,留下了一串涟漪。

将上述提示语复制到"AI 画图"智能体之中,即可生成对应的图片,如图 4-20 所示。

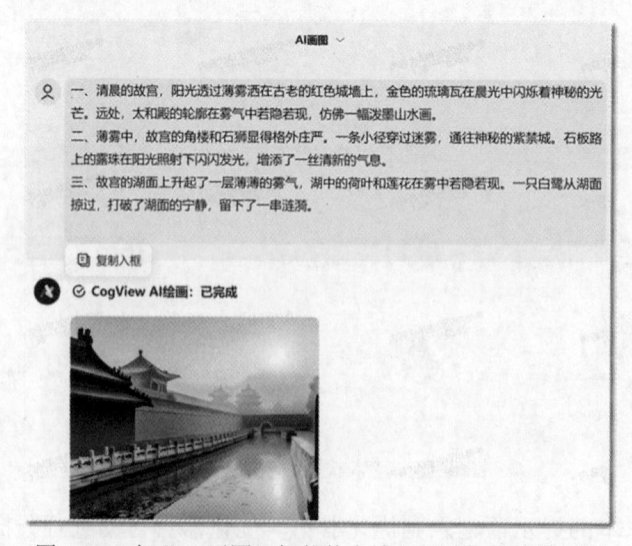

图 4-20 在"AI 画图"智能体中输入经过优化的提示语

通过此方法的得到图片如图 4-21 所示。

图 4-21 应用优化后的提示语在"AI 画图"智能体生成的图片

借助提示语优化器，用户还可以通过学习和了解绘图智能体的特点和工作原理，提高自己的提示语设计能力。通过不断尝试和实践，用户可以逐渐掌握如何设计出更准确、更具指导性的提示语，从而更好地发挥绘图智能体的潜力，生成出更加令人满意的图片。

实训 5 辅助编程

一、实训目标

（1）了解编程的概念。
（2）理解人工智能大模型编程的基本思路。
（3）掌握运用人工智能大模型编写 VBA 程序，并在 MS Office 中运行使用的方法。

二、实训内容

1. 编程的概念

编程是指使用特定的编程语言来创建计算机程序的过程。通过编写代码，程序员可以告诉计算机执行特定的任务和操作。简而言之，编程就是用代码语言和逻辑思维告诉计算机该如何运行。

人工智能大模型可以通过自然语言处理技术和机器学习算法来辅助编程。这些模型能够处理更复杂的编程任务，如自动完成代码片段、生成整个函数或类等。人工智能大模型能够显著提高编程效率和质量，帮助开发者更快地解决问题，提高代码的可读性和可维护性。随着技术的不断进步，未来可能会有更多创新的编程方法和工具出现，进一步改善编程体验。

2. MS Office 中 VBA 语言

VBA（Visual Basic for Applications）是微软开发的一种宏语言，主要用于在 Office 应用程序中执行自动化任务。VBA 语言与 Visual Basic 语言相似，因为它是 Visual Basic 的一个子集，专门为了在 Office 环境中运行而设计的。VBA 可以用于 Word、Excel、PowerPoint 等多种 Office 软件，使得用户可以通过编程来扩展 Office 应用程序的功能，实现自动化操作，提高工作效率。

3. 辅助编程举例

例如，一个 Word 文档之中有着许多空行，如图 4-22 所示。

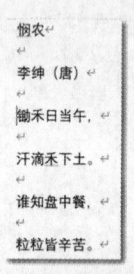

图 4-22　Word 文档中存在着许多空行

由于存在众多空行，若一行行地手工消除，效率低下。可采用 VBA 编程的方法来高效消除这些空行。

首先在人工智能大模型撰写如下提示语：

> 我的 Word 文档之中存在众多空行，请编写一个 VBA 程序帮我删除这些空行。

人工智能大模型（此处使用的是 Kimi.ai）的可能回答是：

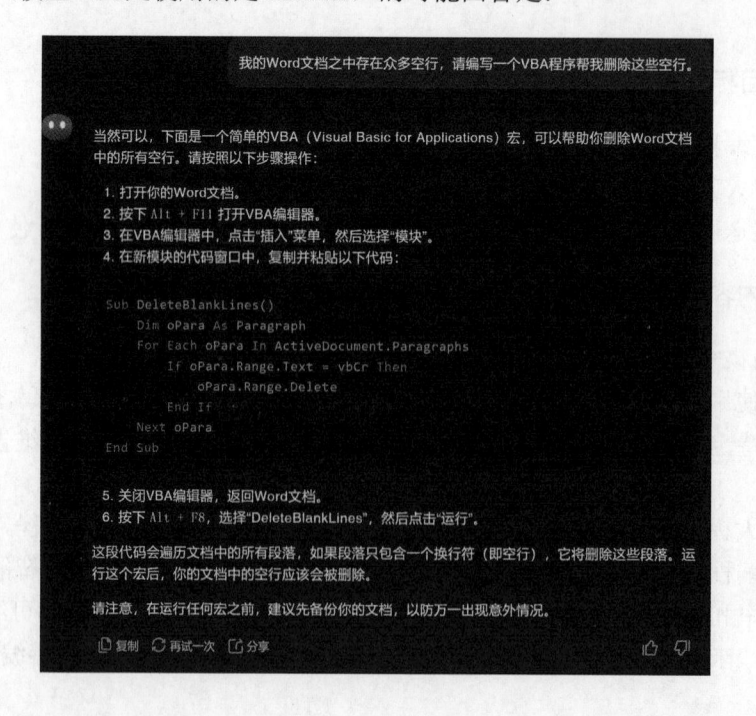

> 当然可以，下面是一个简单的 VBA（Visual Basic for Applications）宏，可以帮助你删除 Word 文档中的所有空行。请按照以下步骤操作：
>
> 1. 打开你的 Word 文档。
> 2. 按下 Alt + F11 打开 VBA 编辑器。
> 3. 在 VBA 编辑器中，点击"插入"菜单，然后选择"模块"。
> 4. 在新模块的代码窗口中，复制并粘贴以下代码：
>
> ```vba
> Sub DeleteBlankLines()
>     Dim oPara As Paragraph
>     For Each oPara In ActiveDocument.Paragraphs
>         If oPara.Range.Text = vbCr Then
>             oPara.Range.Delete
>         End If
>     Next oPara
> End Sub
> ```
>
> 5. 关闭 VBA 编辑器，返回 Word 文档。
> 6. 按下 Alt + F8，选择"DeleteBlankLines"，然后点击"运行"。
>
> 这段代码会遍历文档中的所有段落，如果段落只包含一个换行符（即空行），它将删除这些段落。运行这个宏后，你的文档中的空行应该会被删除。
>
> 请注意，在运行任何宏之前，建议先备份你的文档，以防万一出现意外情况。

按照其回答，逐步操作。打开你的 Word 文档→按 Alt + F11 组合键打开 VBA 编辑器→在 VBA 编辑器中单击"插入"菜单后选择"模块"→在新模块的代码窗口中复制并粘贴其生成的代码，结果如图 4-23 所示。

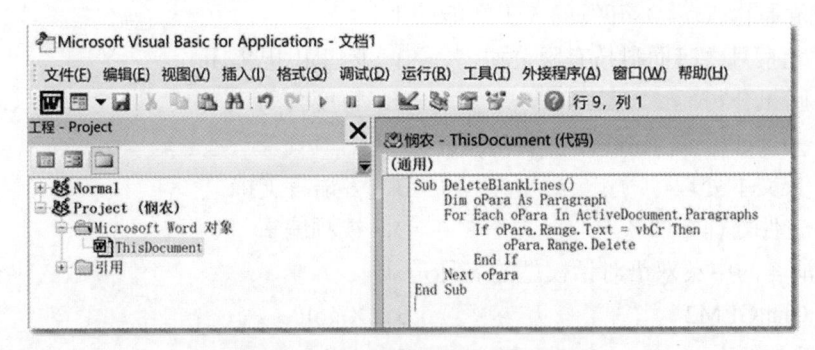

图 4-23　在 VBA 编辑器中粘贴代码

关闭 VBA 编辑器返回 Word 文档→按 Alt + F8 组合键后选择 DeleteBlankLines，并单击"运行"，如图 4-24 所示。

图 4-24　在 Word 中运行宏

最终，Word 文档中的空行被一次性消除。如图 4-25 所示。

悯农

李绅（唐）

锄禾日当午，

汗滴禾下土。

谁知盘中餐，

粒粒皆辛苦。

图 4-25　Word 文档中的空行被一次性消除

练 习 题

1. Kimi.ai 是由（　　）开发的人工智能助手。
   A．北京月之暗面科技有限公司　　B．阿里巴巴集团
   C．腾讯公司　　　　　　　　　　D．百度公司
2. 下列（　　）不是 Kimi.ai 主要功能。
   A．长文本处理　　　　　　　　　B．多语言支持
   C．文件处理　　　　　　　　　　D．视频编辑
3. 智谱清言的中英双语对话模型的名称是（　　）。
   A．ChatGLM2　　　　　　　　　B．XiaoIce
   C．DuerOS　　　　　　　　　　D．AliMe
4. 通义千问支持的语言输入不包括（　　）。
   A．中文　　　B．英文　　　C．法文　　　D．德文
5. 讯飞星火大模型的核心能力不包括（　　）。
   A．文本生成　　B．语言理解　　C．数学能力　　D．视频剪辑
6. 天工 AI 大模型的"天工 3.0"基座大模型与旗下的"天工 SkyMusic"音乐大模型已开启（　　）。
   A．公测　　　B．内测　　　C．商业化运营　　D．技术维护
7. 与人工智能大模型进行交互的最常见方式是（　　）。
   A．语音交互　　B．图形交互　　C．文本交互　　D．物理交互
8. 一个好的提示语应该具备的特性是（　　）。
   A．模糊不清　　　　　　　　　　B．冗长复杂
   C．清晰、简洁、具体　　　　　　D．充满歧义
9. 在设计提示语时，应该集中于一个特定的主题或问题点，这指的是提示语的（　　）。
   A．清晰性　　B．聚焦性　　C．相关性　　D．简洁性
10. 小样本学习通常涉及的样本数量范围是（　　）。
    A．1个　　　B．2～10个　　C．10～20个　　D．20个以上
11. 下列（　　）不是常见的生成式人工智能平台。
    A．Kimi.ai　　B．智谱清言　　C．通义千问　　D．百度翻译
12. 绘制思维导图时，人工智能大模型主要负责（　　）。
    A．视觉呈现　　B．头脑风暴　　C．数据分析　　D．用户交互
13. 甘特图是一种用于展示（　　）的可视化工具。
    A．项目进度　　B．数据统计　　C．用户行为　　D．市场趋势

第 5 章　WPS Office 2019 文字处理

实训 1　文档的创建与编辑

一、实训目标

了解 WPS Office 2019（以下简称"WPS 2019"）的书签、超链接、分栏，学会 WPS 2019 文档的创建与简单编辑、文档的查找与替换方法。

二、实训内容

1. 创建空白文档并保存文件

（1）启动 WPS 2019，新建"空白文档"。

（2）选择某种输入法后，输入如图 5-1 所示的内容，单击窗口左上角快速启动栏中的"保存"按钮，或切换到"文件"菜单，选择"保存"或"另存为"菜单项，在弹出的"另存为"对话框中选择 C:\KAOSHI\Word\文件夹，在"文件名"文本框中输入"21003101"，单击"保存"按钮。

> **雪花是怎样形成的？**
>
> 一个条件是水汽饱和。
>
> 空气在某一个温度下所能包含的最大水汽量，叫作饱和水汽量。空气达到饱和时的温度，叫作露点。饱和的空气冷却到露点以下的温度时，空气里就有多余的水汽变成水滴或冰晶。因为冰面饱和水汽含量比水面要低，所以冰晶生长所要求的水汽饱和程度比水滴要低。也就是说，水滴必须在相对湿度（相对湿度是指空气中的实际水汽压与同温度下空气的饱和水汽压的比值）不小于 100%时才能增长；而冰晶呢，往往相对湿度不足 100%时也能增长。例如，空气温度为-20℃时，相对湿度只有 80%，冰晶就能增长了。气温越低，冰晶增长所需要的湿度越小。因此，在高空低温环境里，冰晶比水滴更容易产生。
>
> 另一个条件是空气里必须有凝结核。
>
> 有人做过试验，如果没有凝结核，空气里的水汽，过饱和到相对湿度 500%以上的程度，才有可能凝聚成水滴。但这样大的过饱和现象在自然大气里是不会存在的。所以没有凝结核的话，我们地球上就很难能见到雨雪。凝结核是一些悬浮在空中的很微小的固体微粒。
>
> 最理想的凝结核是那些吸收水分最强的物质微粒，比如说海盐、硫酸、氮和其他一些化学物质的微粒。所以我们有时才会见到天空中有云，却不见降雪，在这种情况下人们往往采用人工降雪。

图 5-1　文档的内容

2. 插入对象和编辑文档内容

（1）插入书签。选中文档第 4 段"凝结核"，单击"插入"选项卡"链接"组中的"书签"按钮,将弹出"书签"对话框,如图 5-2 所示。

图 5-2 "书签"对话框

(2)插入超链接。选中文档第 1 段前两个字符"雪花",插入超链接,链接到本文档书签"凝结核"的位置上。单击"插入"选项卡"链接"组中的"超链接"按钮,将弹出"超链接"对话框,选择"本文档中的位置"中的"凝结核"书签,如图 5-3 所示。

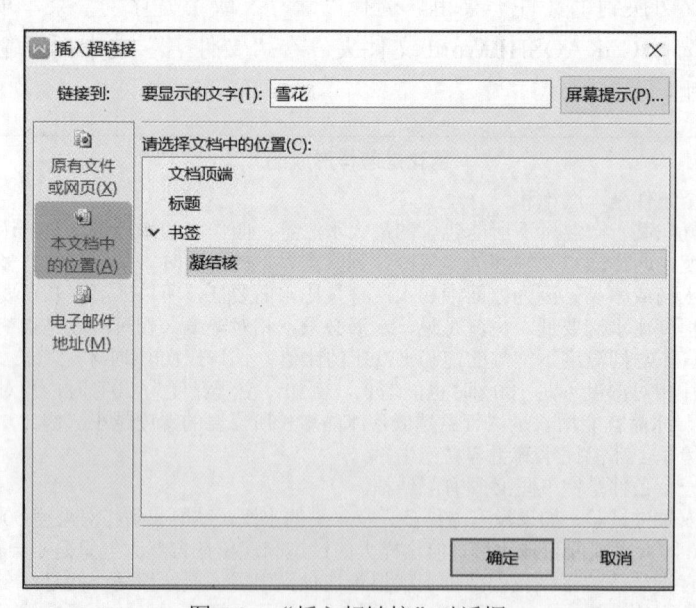

图 5-3 "插入超链接"对话框

(3)移动文档内容。把文档的第 5 段移动成为文档的第 4 段。选择第 5 段文字,单击"开始"选项卡"剪贴板"组中的"剪切"按钮进行第 5 段文字的剪切;把光标定位在第 4 段前;单击"开始"选项卡"剪贴板"组中的"粘贴"按钮进行粘贴操作。

(4)分栏。将文档中第 6 段平均分为两栏,加分隔线。选中第 6 段文字,单击"页面布局"选项卡"页面设置"组中的"分栏"→"更多分栏",将弹出"分栏"对话框。选择"两栏",勾选"分隔线",如图 5-4 所示。

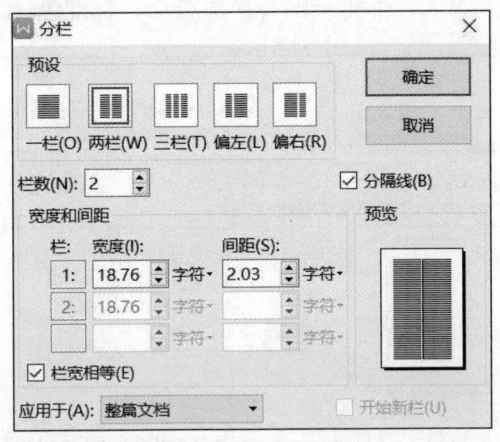

图 5-4 "分栏"对话框

(5)查找与替换。在文档中查找"水汽"两字,并全部替换成楷体、标准色红色、四号字。单击"开始"选项卡"编辑"组中的"查找替换"按钮,在弹出的"查找和替换"对话框中输入"水汽",替换为的内容为空,单击对话框左下方"格式"按钮,在"格式"按钮中选择"字体",将弹出"查找字体"对话框。设置中文字体为"楷体",字号为"四号",字体颜色为标准色-红色,如图 5-5 所示。

图 5-5 "查找字体"对话框

单击"确定"按钮,将重新进入到"查找和替换"对话框,如图 5-6 所示。单击"全部替换"按钮。文档中的所有"水汽"都将全部替换成楷体、标准色-红色、四号字。

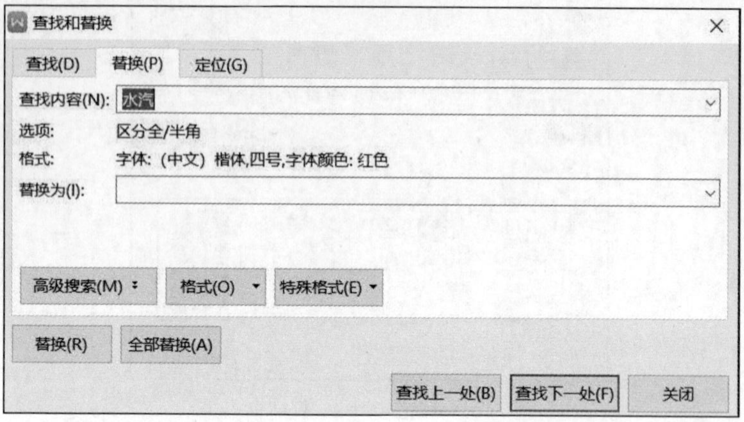

图 5-6 "查找和替换"对话框

该实例的最终效果如图 5-7 所示。

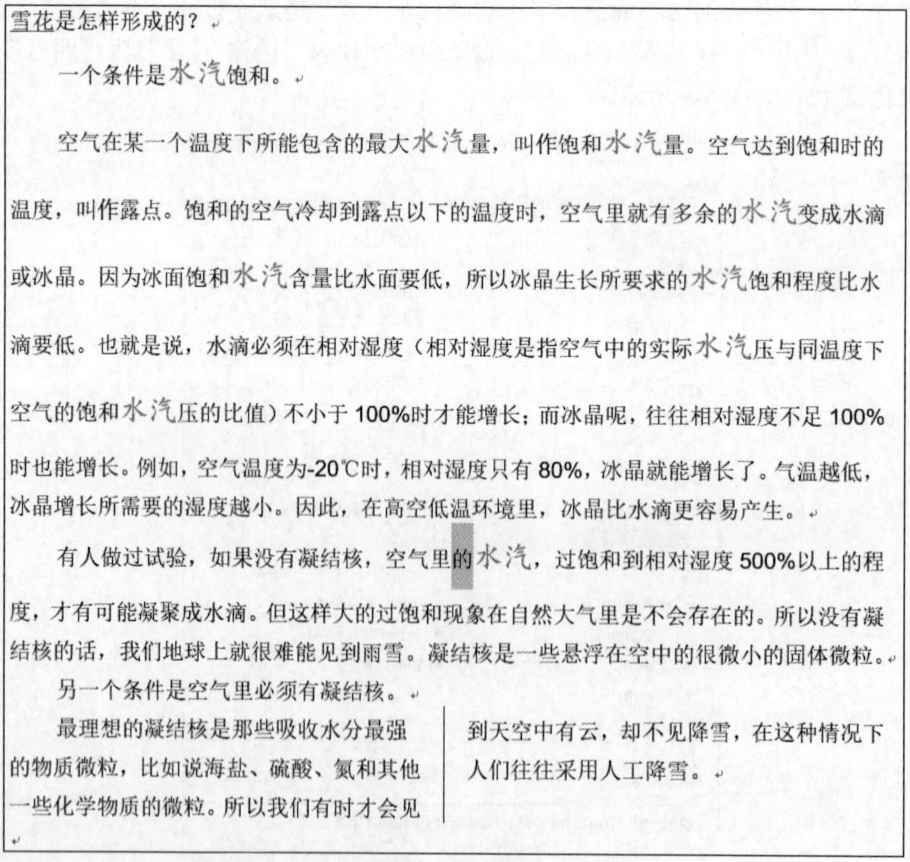

图 5-7 文档处理效果

（6）保存文档。

实训 2 文档排版

一、实训目标

掌握 WPS 2019 文档的基本排版方法。

二、实训内容

1. 设置字符格式

（1）在 WPS 2019 中录入如图 5-8 所示的内容并保存为"21003102 文档排版.docx"，保存路径为 C:\KAOSHI\Word\。

> **惠州学院计算机科学与工程学院简介**
>
> 　　计算机科学与工程学院办学 30 多年来，以"产教融合，国际合作，协同育人，服务地方"为宗旨，积极推进校企合作，大力引进企业资源共同培养人才，与华为技术有限公司、TCL 科技集团、科大讯飞、广东九联科技、惠州德赛西威、惠州华阳通用电子等公司建立深度合作。目前，与多家企业联合建立了信息技术创新创业研发中心、人工智能研发中心和 20 多家实践教学基地，为培养学生的实践技能、课外开展创新活动和科技研发实践搭建了良好的平台。
>
> 　　学院积极推进国际化办学，与乌克兰国立技术大学专家组成了联合研究团队，先后与日本鹿儿岛大学、韩国培材大学、龟尾大学、马来西亚理工大学、澳大利亚新英格兰大学等建立合作关系，与马来西亚双威大学正式签订合作协议，学生有机会赴海外学习，拓展国际视野。
>
> 　　学院在国家、省级以上学科竞赛中表现优异，屡获大奖，曾获得"全国大学生计算机设计大赛"总决赛一等奖、中国大学生软件服务外包大赛总决赛一等奖、"博创杯"全国大学生嵌入式物联网设计大赛一等奖等诸多奖项。
>
> 　　以下是三位同学的计算机学科竞赛分数：
>
> 姓名,竞赛 A,竞赛 B,竞赛 C,平均分,总分
>
> 张三,60,90,86,,
>
> 李四,90,78,85,,
>
> 王五,78,83,90,,
>
> 各赛平均分,,,,,

图 5-8　文档内容

（2）设置字体。选中第 1 段标题文字，单击"开始"选项卡"字体"组的扩展按钮，在弹出的"字体"对话框中选择黑体、三号、加粗、下划线、标准色-红色字体，如图 5-9 所示。

2. 设置项目符号

（1）设置项目符号。选中第 2~4 段文字，单击"开始"选项卡"段落"组的"项目符号"→"自定义项目符号"，将弹出"项目符号和编号"对话框，如图 5-10 所示。

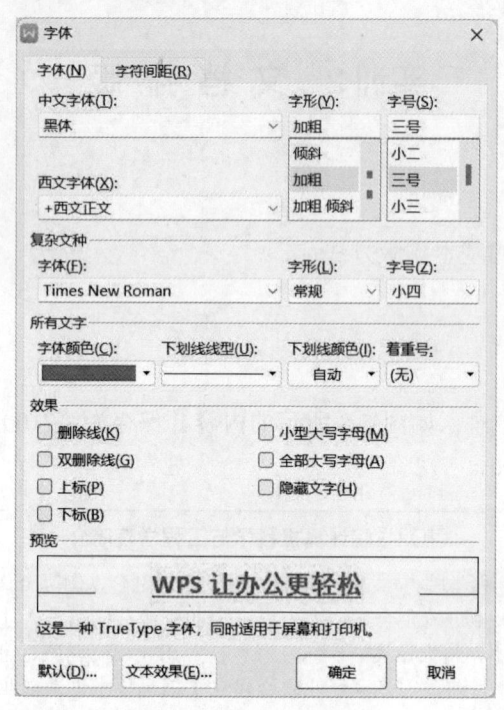

图 5-9 "字体"对话框

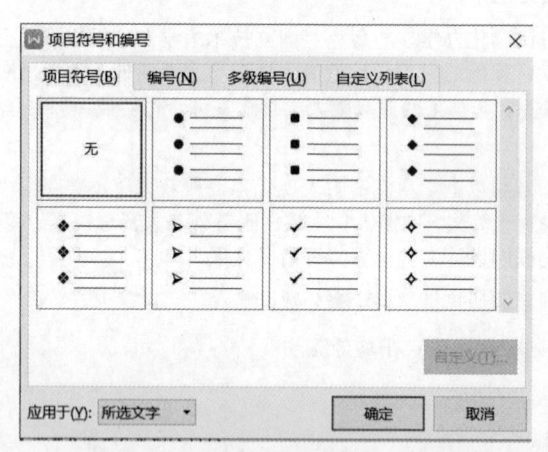

图 5-10 "项目符号和编号"对话框

(2) 选择一种项目符号,单击"自定义"按钮,弹出"自定义项目符号"列表。

(3) 单击"字符"按钮,将弹出"符号"对话框,选择 Wingdings 字体,字符代码:116,如图 5-11 所示,然后单击"插入"按钮。

(4) 单击"字体"按钮,将弹出"字体"对话框,设置字体颜色为标准色-红色。

(5) 设置第 2~4 段文字左缩进为 0 字符,无"悬挂缩进"特殊格式。

3. 设置样式

(1) 新建样式。选择第 5 段文字,单击"开始"选项卡"新样式"下拉按钮,如图 5-12 所示,将弹出"样式"窗格。

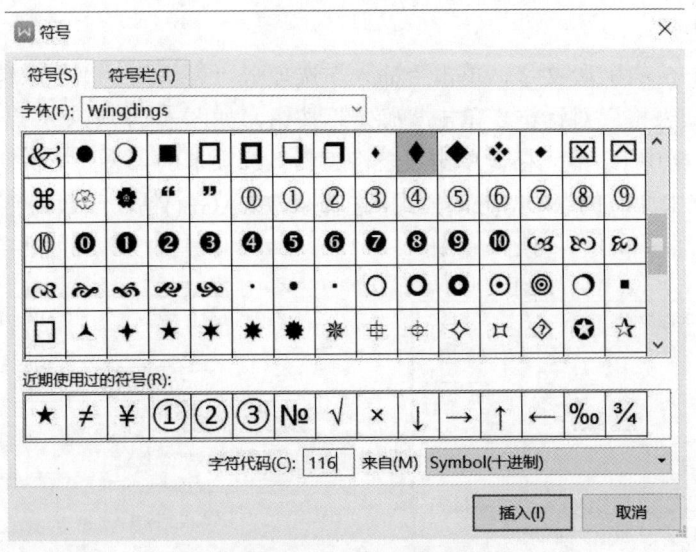

图 5-11 "符号"对话框

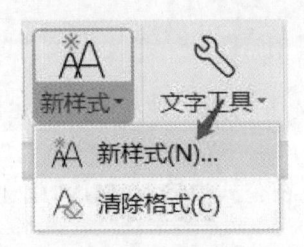

图 5-12 新样式

（2）单击窗格左下角的"新建样式"按钮，将弹出"新建样式"对话框，如图 5-13 所示。输入样式名称：竞赛，选择黑体、小四、加粗、深蓝，左对齐，然后单"确定"按钮。

图 5-13 "新建样式"对话框

4. 表格处理

（1）选择第 6～10 段文字，单击"插入"选项卡"表格"→"文本转换成表格"，将弹出"将文字转换成表格"对话框，单击"确定"按钮，如图 5-14 所示。

（2）选择表格中 E2 单元格，单击"表格工具"选项卡的"公式"按钮，将弹出"公式"对话框，删除公式中原有的=SUM(left)公式，选择 AVERAGE()粘贴函数，在括号中输入"left"，如图 5-15 所示，然后单击"确定"按钮。

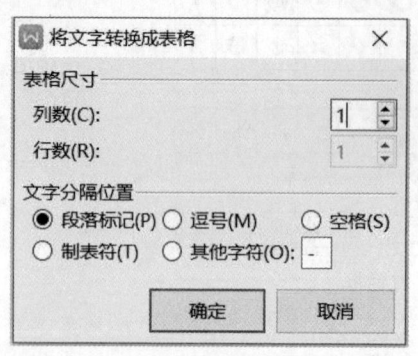

图 5-14　"将文字转换成表格"对话框

图 5-15　"公式"对话框

（3）复制刚刚计算的平均分，粘贴至其他相应的单元格，然后选中整个表格，按 F9 键进行更新。

（4）选择表格中 F2 单元格，在公式中输入=SUM(B2:D2)，并依次计算出 F3、F4 单元格的总分。

（5）选择表格中 B5 单元格，在公式中输入 AVERAGE(above)，计算出竞赛 A 的平均分。复制该平均分，粘贴至其他相应的单元格，然后选中整个表格，按 F9 键进行更新。

该实例的最终效果如图 5-16 所示。

惠州学院计算机科学与工程学院简介

◆ 计算机科学与工程学院办学 30 多年来，以"产教融合，国际合作，协同育人，服务地方"为宗旨，积极推进校企合作，大力引进企业资源共同培养人才，与华为技术有限公司、TCL 科技集团、科大讯飞、广东九联科技、惠州德赛西威、惠州华阳通用电子等公司建立深度合作。目前，与多家企业联合建立了信息技术创新创业研发中心、人工智能研发中心和 20 多家实践教学基地，为培养学生的实践技能、课外开展创新活动和科技研发实践搭建了良好的平台。

◆ 学院积极推进国际化办学，与乌克兰国立技术大学专家组成了联合研究团队，先后与日本鹿儿岛大学、韩国培材大学、龟尾大学、马来西亚理工大学、澳大利亚新英格兰大学等建立合作关系，与马来西亚双威大学正式签订合作协议，学生有机会赴海外学习，拓展国际视野。

◆ 学院在国家、省级以上学科竞赛中表现优异，屡获大奖，曾获得"全国大学生计算机设计大赛"总决赛一等奖、中国大学生软件服务外包大赛总决赛一等奖、"博创杯"全国大学生嵌入式物联网设计大赛一等奖等诸多奖项。

以下是三位同学的计算机学科竞赛分数：

姓名	竞赛 A	竞赛 B	竞赛 C	平均分	总分
张三	60	90	86	78.67	236
李四	90	78	85	84.33	253
王五	78	83	90	83.67	251
各赛平均分	76	83.67	87	82.22	246.67

图 5-16　文档最终效果

实训 3 图 文 混 排

一、实训目标

掌握 WPS 2019 文档的图文混排方法。

二、实训内容

在 WPS 2019 中打开 "21003103 图文混排.docx" 文档,图文混排所需文字如图 5-17 所示。

> 　　2016 年 8 月 21 日,里约奥运会女排决赛,中国女排在先失一局的情况下连扳三局,以 3∶1 逆转战胜塞尔维亚女排。这是中国女排时隔 12 年再次获得奥运冠军,也是她们第三次获得奥运会金牌。
> 　　宝剑锋从磨砺出,梅花香自苦寒来。当奥运赛场上国旗冉冉升起的那一刻,当女排姑娘紧紧抱在一起的那一刻,当亿万观众被打动的那一刻……女排精神,激荡起人们心中的一种共鸣,让人久久不能忘怀。女排精神可以概括为:点滴做起,坚持不懈,拼搏团结,永不放弃,绝不服输。

图 5-17 图文混排所需文字

1. 插入图片

(1) 将第一、三段居中对齐,将插入点置于第三段,在 "插入" 选项卡的 "插图" 组中单击 "图片" 按钮,找到 "女排夺冠.jpg" 文件,单击 "插入" 按钮。

(2) 选中该图片,单击 "图片工具" 选项卡 "大小" 组的扩展按钮,弹出 "布局" 对话框,在 "大小" 选项卡的 "缩放" 栏中将 "宽度" 和 "高度" 均设为 60%,在 "文字环绕" 选项卡的 "环绕方式" 栏中选择 "上下型",如图 5-18 所示,单击 "确定" 按钮;选中该图片,单击 "图片工具" 选项卡中的 "位置" 按钮,在下拉列表中选择 "嵌入文本行中"。

图 5-18 "布局" 对话框

2. 插入艺术字

(1) 将插入点置于第一段,在"插入"选项卡"文本"组中单击"艺术字"按钮,在下拉列表中选择样式"渐变填充-金色,轮廓-着色 4",如图 5-19 所示。然后在插入的文本框中输入"女排精神,中国精神",设置字体为黑体,字号为小初,如图 5-20 所示。

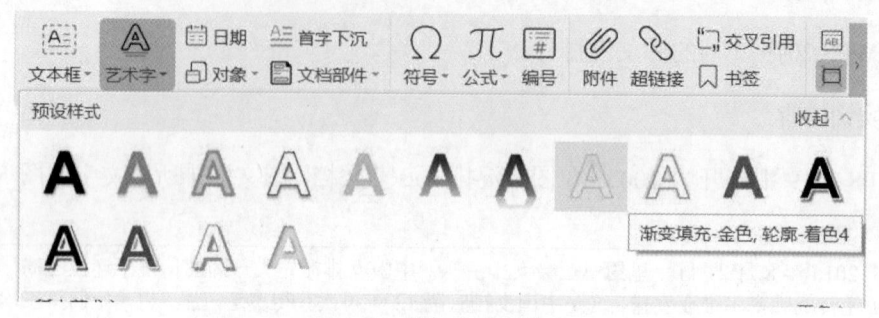

图 5-19　选择艺术字样式

图 5-20　输入艺术字内容

(2) 选中该艺术字,在"绘图工具"选项卡"排列"组中单击"环绕"按钮,在下拉列表中选择"嵌入型环绕";在"形状样式"组中单击 按钮,如图 5-21 所示,在下拉列表中选择"主题样式"中第 4 行第 2 列的样式。

图 5-21　主题样式

在"形状样式"组的"形状效果"中,执行"形状效果"→"阴影"→"无阴影"命令进行预设效果的选择,如图 5-22 所示。

选中该艺术字,单击"绘图工具"的"布局"组中的"环绕"按钮,在下拉列表中选择"嵌入型",如图 5-23 所示。

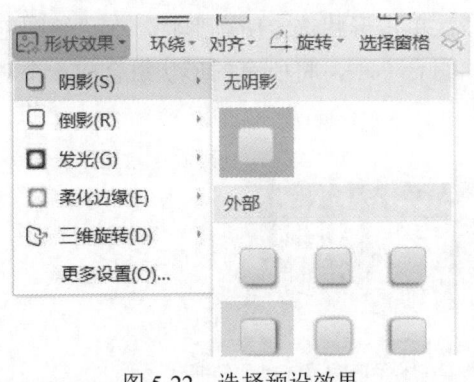

图 5-22　选择预设效果　　　　　　图 5-23　选择环绕方式

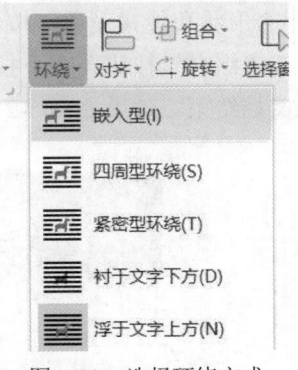

3．插入形状

（1）将插入点置于正文最后一段后，在"插入"选项卡"插图"组中单击"形状"按钮，在下拉列表中选择"星与旗帜"组中的前凸带形状，鼠标指针变为十字形，在文档末尾处拖动鼠标绘制适当大小的形状。

（2）选择插入的形状，在"绘图工具"选项卡的"形状样式"组中单击"填充"按钮，在下拉列表中选择"无填充"；单击"轮廓"按钮，主题颜色选择"黑色"，"粗细"选择"0.25磅"，"虚线"选择"实线"，如图 5-24 所示。

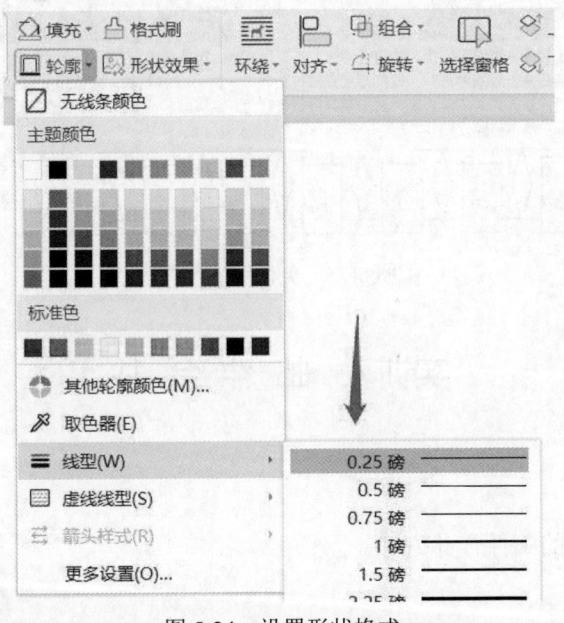

图 5-24　设置形状格式

（3）添加形状文字。选择形状，在"绘图工具"选项卡中单击"形状样式"组中的扩展按钮，弹出"设置形状格式"任务窗格。单击"布局属性"按钮，选择"文本框"，在弹出的面板中勾选"根据文字调整形状大小"复选框。右击"形状"，在弹出的快捷菜单中选择"添加文字"命令，输入文字内容，设置文字为黑体、红色、四号。复制 7 个形状，水平对齐排列，修改 7 个形状中的文字。

（4）组合形状和版式设置。按住 Shift 键，依次单击形状选定所有形状，在"绘图工具"选项卡中单击"组合"按钮，在下拉列表中选择"组合"项，将所有的形状组合成一个对象。至此，美化文档结束，效果如图 5-25 所示。

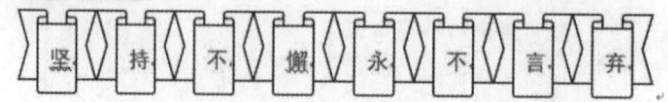

图 5-25　美化后的效果

实训 4　邮 件 合 并

一、实训目标

掌握 WPS 2019 中的邮件合并方法。

二、实训内容

（1）在 WPS 2019 中制作"21003104 录取通知书.docx"文档，如图 5-26 所示。在 Excel 中输入数据并保存为"录取学生名单.xlsx"，如图 5-27 所示。

（2）将插入点置于"同学："前，单击"引用"选项卡"邮件合并"按钮，在"邮件合并"选项卡中单击"打开数据源"→"打开数据源"按钮，如图 5-28 所示。

（3）弹出"选取数据源"窗口，找到并选择"录取学生名单.xlsx"，如图 5-29 所示。

图 5-26 录取通知书模板

图 5-27 数据源 Excel 文档

图 5-28 邮件合并分步向导

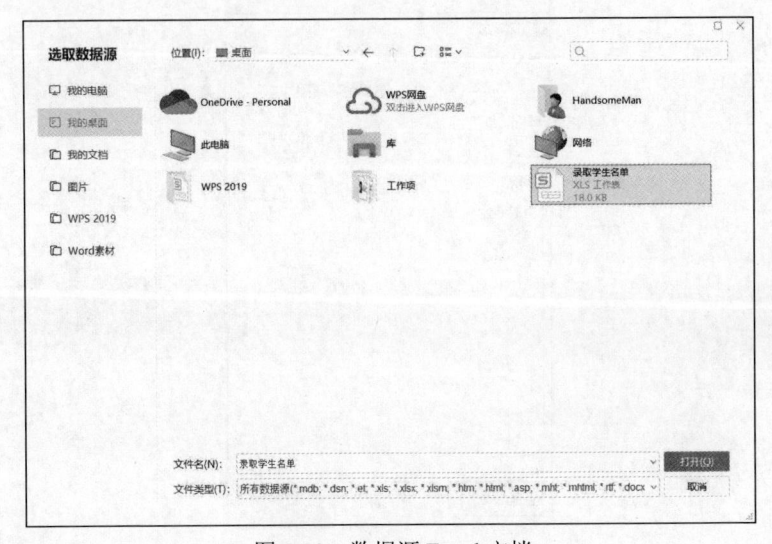

图 5-29 数据源 Excel 文档

打开后弹出选择其中工作表的对话框，如图 5-30 所示。

图 5-30 "选择表格"对话框

（4）单击"收件人"按钮，弹出"邮件合并收件人"对话框，如图 5-31 所示，单击"确定"按钮。

图 5-31 "邮件合并收件人"对话框

（5）单击"插入合并域"，在弹出的"插入域"对话框中选择"姓名"，单击"插入"按钮，如图 5-32 所示。

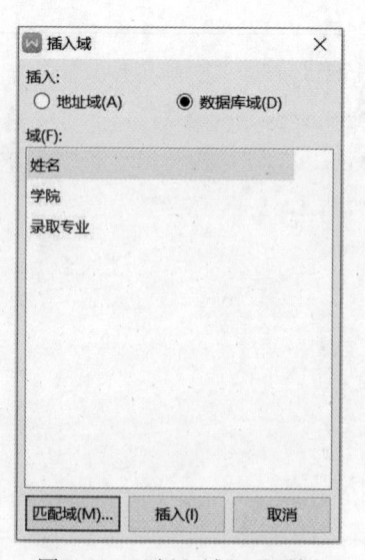

图 5-32 "插入域"对话框

单击"关闭"按钮,可以看到"同学:"前面插入了"《姓名》"域。将插入点分别置于"学院"前和"专业"前,按前面的方法分别插入"《学院》"和"《录取专业》"域,如图 5-33 所示。

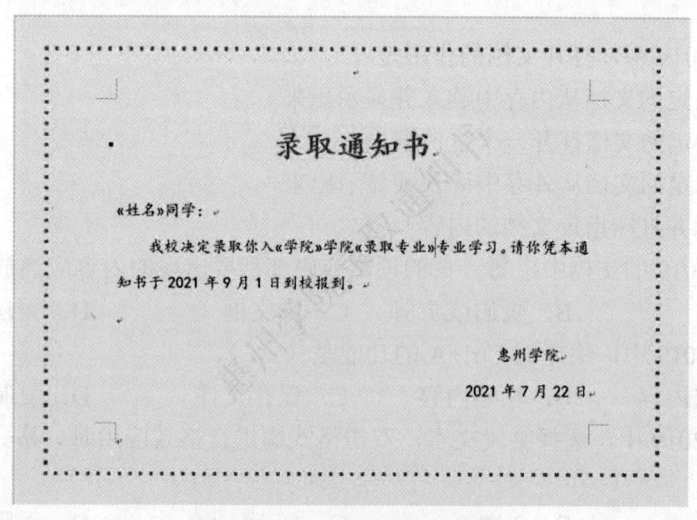

图 5-33　插入合并域后的模板

(6) 单击"下一步:预览信函",就可以看到合并结果了,单击"邮件"选项卡"预览结果"组中的切换按钮 ◀ 1 ▶ ▶|,可在文档中查看各个收件人的录取通知书,如图 5-34 所示。

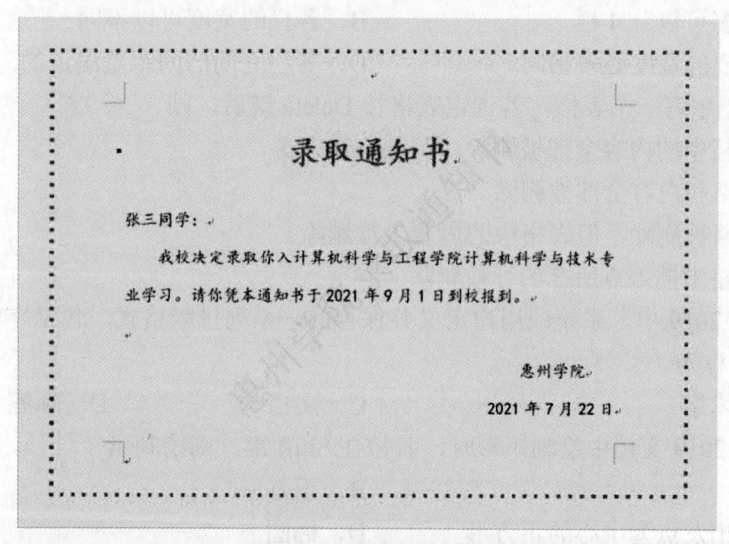

图 5-34　预览合并结果

(7) 单击"下一步:完成合并",单击"合并"栏中的"编辑单个信函",在"合并到新文档"对话框中选择"全部",单击"确定"按钮,将合并后的文档保存为"所有学生的录取通知书.docx"。

练 习 题

1. 在 WPS 2019 中，打开文档的作用是（　　）。
   A. 将指定的文档从内存中读入并显示出来
   B. 为指定的文档打开一个空白窗口
   C. 将指定的文档从外存中读入并显示出来
   D. 显示并打印指定文档的内容
2. 在 WPS 2019 的文档中，每一页的顶部或底部都要出现的内容应当放到（　　）。
   A. 文本　　　　B. 页眉或页脚　　C. 图文框　　　　D. 无法实现
3. 在 WPS 2019 中，快捷键 Ctrl+A 的功能是（　　）。
   A. 全选内容　　B. 粘贴内容　　　C. 保存文件　　　D. 复制内容
4. 在 WPS 2019 中，选择某段文本，双击格式刷进行格式应用时，格式刷可以使用的次数是（　　）。
   A. 1 次　　　　B. 2 次　　　　　C. 10 次　　　　　D. 无限次
5. 在 WPS 2019 中选择了文档全文，若在"段落"对话框中设置为 1.2 倍行距，应当选择"行距"列表框中的（　　）。
   A. 单倍行距　　B. 1.5 倍行距　　C. 固定值　　　　D. 多倍行距
6. WPS 2019 具有分栏功能，下列关于分栏的说法中正确的是（　　）。
   A. 最多可以分 4 栏　　　　　　　　B. 各栏的宽度可以不同
   C. 各栏的宽度必须相同　　　　　　D. 各栏之间的间距是固定的
7. 当前文档中有一个表格，若选定表格按 Delete 键后，则（　　）。
   A. 表格中的内容全部被删除，但表格还存在
   B. 表格和内容全部被删除
   C. 表格被删除，但表格中的内容未被删除
   D. 表格中插入点所在的行被删除
8. 在 WPS 2019 中，系统或用户定义并保存的一系列排版格式，包括字体、段落的对齐方式、边距等，称为（　　）。
   A. 艺术字　　　B. 样式　　　　　C. 文档　　　　　D. 标签
9. 在 WPS 2019 文档中绘制矩形时，若按住 Shift 键，则绘制出（　　）。
   A. 圆　　　　　　　　　　　　　　B. 正方形
   C. 以出发点为中心的正方形　　　　D. 椭圆
10. 在 WPS 2019 文档中，若插入点位于表格外右侧的行尾处，按 Enter 键，结果为（　　）。
    A. 光标移到下一列　　　　　　　　B. 光标移到下一行，表格行数不变
    C. 插入一行，表格行数改变　　　　D. 在本单元格内换行，表格行数不变
11. 在 WPS 2019 中，打印页码 "1-5,7,9" 表示打印的是（　　）。
    A. 第 1 页、第 5 页、第 7 页、第 9 页
    B. 第 1 至 5 页、第 7 至 9 页

C. 第 1 至 5 页、第 7 页、第 9 页

D. 第 1 页、第 5 页、第 7 至 9 页

12. 在 WPS 2019 中，如果要使文档内容横向打印，在"页面设置"对话框中应选择的选项卡是（　　）。

　　A. 文档网格　　　B. 纸张　　　　C. 版式　　　　D. 页边距

13. 在 WPS 2019 文档中，编辑区显示的"网格线"在打印时（　　）出现在纸上。

　　A. 全部　　　　　B. 不会　　　　C. 一部分　　　D. 大部分

14. 在 WPS 2019 中，要显示"表格工具"选项卡时需要选中的目标是（　　）。

　　A. 文档中的文字　　　　　　　B. 文档中的剪贴画

　　C. 文档中的符号　　　　　　　D. 文档中的表格

15. 在 WPS 2019 的表格中输入计算公式必须要以（　　）开头。

　　A. 加号　　　　　B. 等号　　　　C. 减号　　　　D. 单引号

16. 在 WPS 2019 文档中，每个段落都有自己的段落标记，段落标记的位置在（　　）。

　　A. 段落的首部　　　　　　　　B. 段落的结尾处

　　C. 段落的中间位置　　　　　　D. 段落中，但用户找不到的位置

17. 在 WPS 2019 中，要复制选定的文档内容，可按住（　　）键，再用鼠标拖拽至指定位置。

　　A. Ctrl　　　　　B. Shift　　　　C. Alt　　　　　D. Insert

18. 在 WPS 2019 文档中，不能进行的操作是（　　）。

　　A. 对选定的段落进行页眉、页脚设置

　　B. 在选定的段落内进行查找、替换

　　C. 对选定的段落进行拼写和语法检查

　　D. 对选定的段落进行字数统计

19. 页眉和页脚的建立方法相似，都要使用"页眉"或"页脚"按钮进行设置。均应首先打开（　　）选项卡。

　　A. 开始　　　　　B. 文件　　　　C. 布局　　　　D. 插入

20. WPS 2019 程序启动后会自动打开一个文档，在该文档没有保存时，标题栏上的文档名为（　　）。

　　A. 文档 1　　　　B. 文档 0　　　C. 文件 0　　　D. 新建 1

第 6 章　WPS Office 2019 电子表格制作

实训 1　制作商品打折信息表

一、实训目标

制作如图 6-1 所示的商品打折信息表。

商品名称	品牌	单价	折后价
彩电	海信	7500	7500
空调	格力	2619	2619
彩电	海尔	8990	8990
冰箱	海信	1613.52	1129.464
冰箱	海尔	2106	1474.2
彩电	长虹	6999	6999
空调	海尔	1799	1799
冰箱	海尔	2148.12	1503.684
空调	格力	2599	2599
彩电	TCL	7650	7650
空调	海尔	3979	3979
冰箱	美的	2268	1587.6
空调	TCL	2490	2490

图 6-1　商品打折信息表

二、实训内容

（1）新建"工作簿 1.xlsx"，在 Sheet1 工作表的 A1 单元格中输入"22023901 商品打折信息表"，选中 A1:D1 单元格区域，单击"开始"选项卡中的"合并后居中"按钮，居中对齐表格标题。在 A2 到 D2 单元格中分别输入列名，选中 A1:D15 单元格区域，单击"开始"选项卡"字体"组中的扩展按钮，从"边框"选项卡中选择"外边框"和"内部"，如图 6-2 所示，再单击"对齐方式"组中的"居中"按钮使单元格中的内容居中。

（2）选中 B3:B15 单元格区域，在"数据"选项卡的"数据工具"组中单击"有效性"按钮，选择下拉列表中的"有效性"，弹出"数据有效性"对话框，在"允许"栏中选择"序列"，在"来源"栏中输入"海信,海尔,长虹,TCL,创维,康佳,美的,格力"（注：中间的逗号用半角符号），如图 6-3 所示，单击"确定"按钮。

此时，为"品牌"栏设置了"海信,海尔,长虹,TCL,创维,康佳,美的,格力"多个值供选择，如图 6-4 所示，输入数据时只需选择，无须输入文字，通过提供选择列表可避免用户输入非法值。

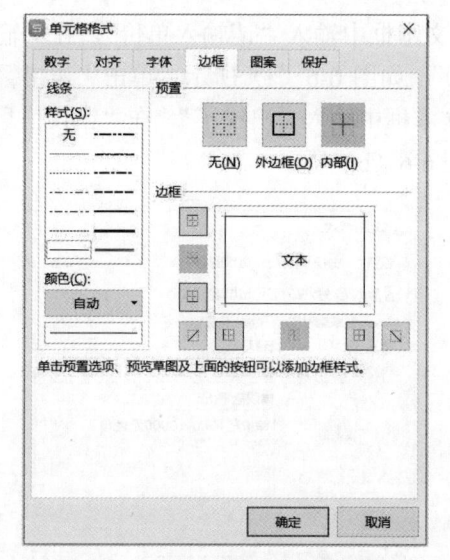

图 6-2 "单元格格式"对话框

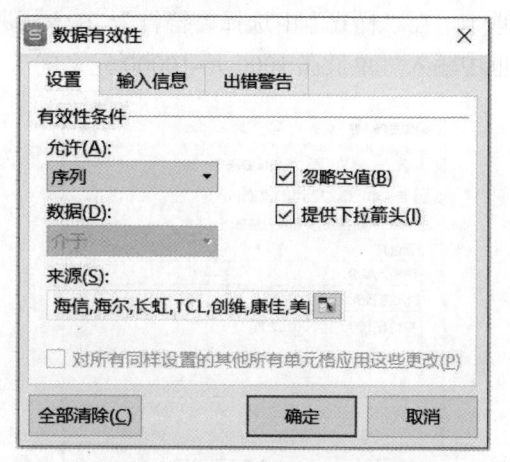

图 6-3 "数据有效性"对话框

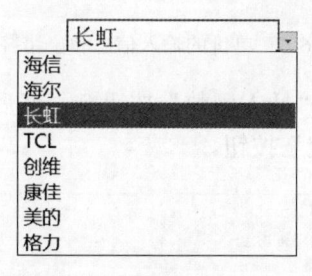

图 6-4 品牌的选择列表

（3）选中 C3:C15 单元格区域，打开"数据有效性"对话框，设置允许介于最小值 1000 和最大值 10000 之间的小数，此项设置用于限定用户输入的单价为 1000~10000 的小数，如图 6-5 所示。

图 6-5 设置单价的限定条件

（4）单击"输入信息"选项卡，在"标题"文本框中输入"请输入单价"，在"输入信息"文本框中输入"单价在 1000 元-10000 元之间"，如图 6-6（a）所示。单击"出错警告"选项卡，在"样式"中选择"警告"，在"标题"文本框中输入"出错了"，在"错误信息"文本框中输入"单价在 1000 元-10000 元之间"，如图 6-6（b）所示。

图 6-6　单价的输入信息和出错警告

（5）选中 D3 单元格，单击"插入函数"按钮 fx，然后在"插入函数"对话框中找到 IF 函数，如图 6-7 所示，单击"确定"按钮。

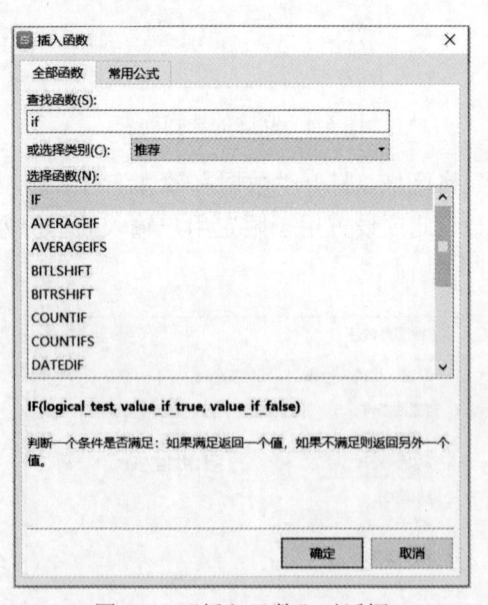

图 6-7　"插入函数"对话框

（6）在弹出"函数参数"对话框中，在第 1 个参数文本框中输入"A3="冰箱""，在第 2 个参数文本框中输入"C3*70%"，在第 3 个参数文本框中输入"C3"，如图 6-8 所示，然后单击"确定"按钮。

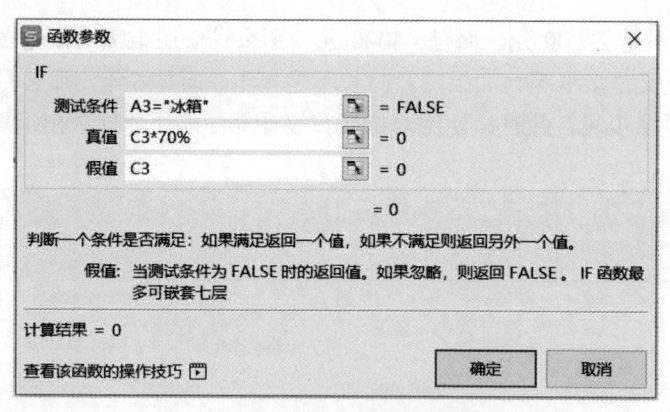

图 6-8 IF 函数对话框

（7）单击"开始"选项卡"样式"组中的"条件格式"按钮，从下拉列表中选择"新建规则"，如图 6-9（a）所示。在弹出的"新建格式规则"对话框中选择"只为包含以下内容的单元格设置格式"，在"介于"后面的两个文本框中分别输入 1000 和 3000，单击"格式"按钮，设置金底红字的格式，如图 6-9（b）所示，单击"确定"按钮。

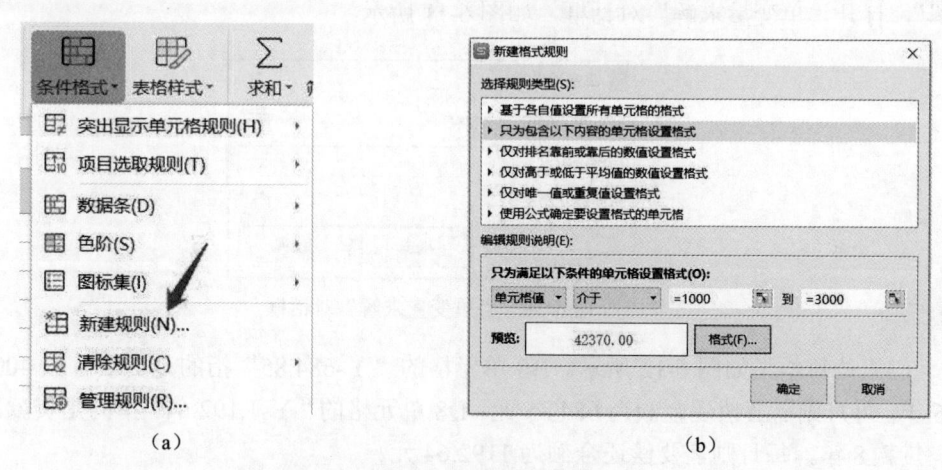

图 6-9 设置满足条件的单元格格式

（8）以"22023901 商品打折信息表.xlsx"文件名保存文件。

实训 2　计算月偿还金额

一、实训目标

在 WPS 2019 工作表中利用模拟运算表计算月偿还金额。

二、实训内容

（1）打开"22023902 模拟运算表.xlsx"文件，如图 6-10 所示。上半部分意思是银行 4 年的贷款年利率是 7.15%，现在需要贷款 22000 元，则每月需要偿还金额为 528.35 元。

如果贷款总额不是 22000 元，而是 44000 元，那么月偿还金额又需要多少呢？贷款总额是 55000 元、87000 元又是多少呢？如果贷款时长不是 4 年，而是 6 年，那么月偿还金额需要多少呢？7 年、8 年又是多少呢？此时，使用模拟运算表计算便能快速地求出运算结果。

	A	B	C	D
1	年利率	贷款总额	年限	月偿还金额
2	7.15%	￥22,000.00	4	￥-528.35
3				
4			贷款金额	
5	￥-528.35	￥40,000.00	￥55,000.00	￥87,000.00
6	6			
7	7			
8	8			

图 6-10　未计算前的模拟运算表

（2）选中 A5:D8 单元格区域，单击"数据"选项卡"预测"组"模拟分析"→"单变量求解"，打开"单变量求解"对话框，如图 6-11 所示。

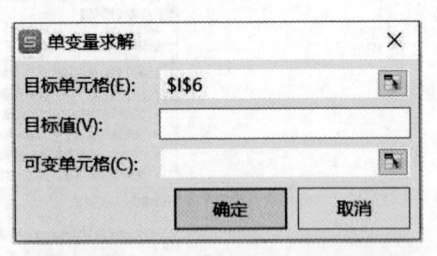

图 6-11　"单变量求解"对话框

（3）计算结果如图 6-12 所示。B6 单元格的"￥-684.85"指的是贷款总额 40000 元，贷款 6 年，每月则需要偿还金额为 684.85 元；D8 单元格的"￥-1,192.64"指的是贷款总额 87000 元，贷款 8 年，每月则需要偿还金额为 1192.64 元。

	A	B	C	D
1	年利率	贷款总额	年限	月偿还金额
2	7.15%	￥22,000.00	4	￥-528.35
3				
4			贷款金额	
5	￥-528.35	￥40,000.00	￥55,000.00	￥87,000.00
6	6	￥-684.85	￥-941.66	￥-1,489.54
7	7	￥-606.64	￥-834.14	￥-1,319.45
8	8	￥-548.34	￥-753.97	￥-1,192.64

图 6-12　各行数据计算结果

（4）保存文件。

实训3 数据分析

一、实训目标

掌握 WPS 2019 中的数据排序、筛选、分类汇总、透视等数据分析方法。

二、实训内容

1. 排序

(1) 打开"22023903 学生信息表.xlsx"文件,学生信息显示如图 6-13 所示。

学生信息表							
学号	姓名	性别	年龄	班级	党员否	高考成绩	手机
21001	张三	男	18	21英语1班	是	550	13500000001
21002	李四	女	18	21日语2班	否	520	13500000002
21003	王五	男	18	21小教1班	是	500	13500000003
21004	赵六	男	19	21中文1班	否	490	13500000004
21005	吴七	女	18	21财管1班	是	520	13500000005
21006	梁八	女	18	21服设1班	是	500	13500000006
21007	肖九	男	19	21生科1班	否	504	13500000007
21008	周十	女	18	21化工1班	否	508	13500000008

图 6-13 学生信息表

(2) 在"数据"选项卡的"排序和筛选"组中单击"排序"按钮,在弹出的"排序"对话框的"主要关键字"下拉列表中选择"班级",在"次序"下拉列表中选择"降序",如图 6-14 所示。

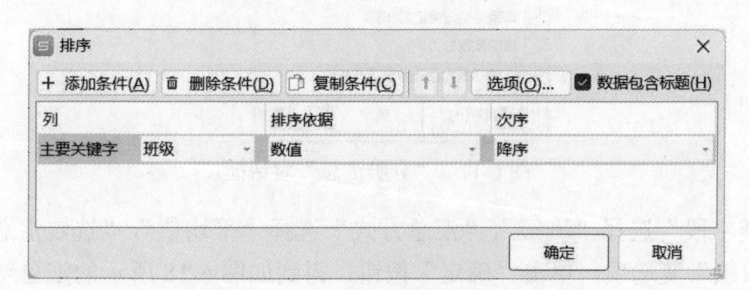

图 6-14 选择排序关键字和排序次序

(3) 单击"添加条件"按钮,"次要关键字"选择"性别","次序"选择"升序",如图 6-15 所示。

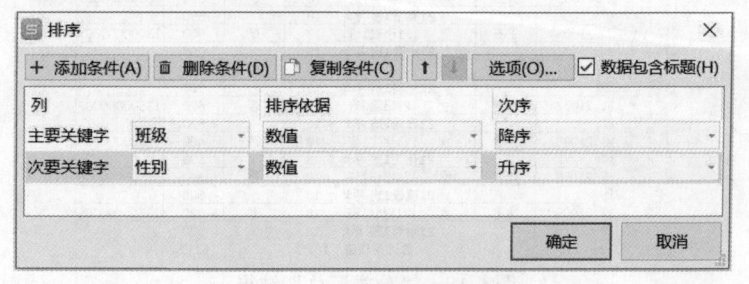

图 6-15 添加排序次要关键字

单击"确定"按钮，排序结果如图 6-16 所示。

学生信息表							
学号	姓名	性别	班级	年龄	党员否	高考成绩	手机
21004	赵六	男	21中文1班	19	否	490	13500000004
21001	张三	男	21英语1班	18	是	550	13500000001
21003	王五	男	21小教1班	18	是	500	13500000003
21007	肖九	男	21生科1班	19	否	504	13500000007
21002	李四	女	21日语2班	18	否	520	13500000002
21008	周十	女	21化工1班	18	否	508	13500000008
21006	梁八	女	21服设1班	18	是	500	13500000006
21005	吴七	女	21财管1班	18	是	520	13500000005

图 6-16 按班级、性别排序后的结果

（4）保存文件。

2. 分类汇总

（1）选择框置于表格数据区，单击"数据"选项卡"分级显示"组中的"分类汇总"按钮，弹出"分类汇总"对话框，如图 6-17 所示。

图 6-17 "分类汇总"对话框

（2）"分类字段"选择"班级"，"汇总方式"选择"平均值"，"选定汇总项"勾选"年龄"和"高考成绩"复选项，单击"确定"按钮，得到如图 6-18 所示的汇总结果。

图 6-18 "分类汇总"结果

（3）单击左上方的 1 2 3 三个数字按钮，可分别查看总计结果、两级汇总结果和三级汇总结果。

（4）保存文件。

3. 数据筛选

（1）选择框置于表格数据区，在"开始"选项卡"筛选"组中单击"筛选"按钮，进入"筛选"操作。

此时，在表格列名旁会出现 ▼ 按钮，单击"性别" ▼ 可以打开这一列的筛选值列表，如图 6-19 所示，设置后可筛选出所有男同学的数据。

图 6-19　性别筛选条件

（2）取消性别筛选，单击"高考成绩"列名旁的 ▼ ，在弹出的列表中选择"数字筛选"→"介于"，弹出"自定义自动筛选方式"对话框。在"大于或等于"文本框中输入 500，在"小于或等于"文本框中输入 550，如图 6-20 所示。

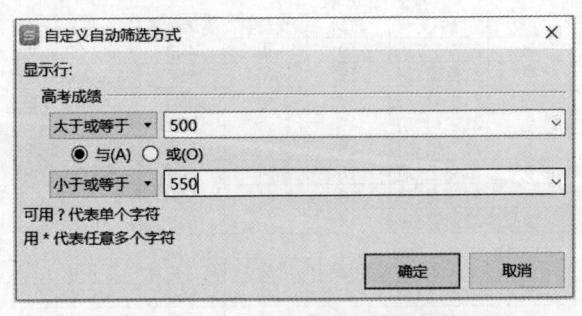

图 6-20　"高考成绩"筛选条件

单击"确定"按钮，筛选出高考成绩介于 500～550 分的数据如图 6-21 所示。

学生信息表							
学号	姓名	性别	班级	年龄	党员否	高考成绩	手机
21001	张三	男	21英语1班	18	是	550	13500000001
21003	王五	男	21小教1班	18	是	500	13500000003
21007	肖九	男	21生科1班	19	否	504	13500000007
21002	李四	女	21日语2班	18	否	520	13500000002
21008	周十	女	21化工1班	18	否	508	13500000008
21006	梁八	女	21服设1班	18	是	500	13500000006
21005	吴七	女	21财管1班	18	是	520	13500000005

图 6-21　筛选出高考成绩介于 500～550 分的数据

（3）选择框置于表格数据区，在"数据"选项卡"排序和筛选"组中单击"筛选"按钮，取消"筛选"操作。

在 J2、J3 单元格中分别输入"性别"和"男"，在 K2、K3 单元格中分别输入"高考成绩"和">=500"。选择框置于表格数据区，在"数据"选项卡的"排序和筛选"组中单击"高级"，在弹出的"高级筛选"对话框中选择"将筛选结果复制到其他位置"单选项，设置"列表区域"为"Sheet2!$A$2:$H$10"，选择 J2:K3 单元格区域为"条件区域"，选择 A12 单元格区域为"复制到"的结果区域，如图 6-22 所示。

图 6-22　"高级筛选"对话框

单击"确定"按钮，得到如图 6-23 所示的筛选结果，筛选出了高考成绩大于等于 500 分男生的数据。

学生信息表									
学号	姓名	性别	班级	年龄	党员否	高考成绩	手机	性别	高考成绩
21004	赵六	男	21中文1班	19	否	490	13500000004	男	>=500
21001	张三	男	21英语1班	18	是	550	13500000001		
21003	王五	男	21小教1班	18	是	500	13500000003		
21007	肖九	男	21生科1班	19	否	504	13500000007		
21002	李四	女	21日语2班	18	否	520	13500000002		
21008	周十	女	21化工1班	18	否	508	13500000008		
21006	梁八	女	21服设1班	18	是	500	13500000006		
21005	吴七	女	21财管1班	18	是	520	13500000005		
学号	姓名	性别	班级	年龄	党员否	高考成绩	手机		
21001	张三	男	21英语1班	18	是	550	13500000001		
21003	王五	男	21小教1班	18	是	500	13500000003		
21007	肖九	男	21生科1班	19	否	504	13500000007		

图 6-23　高级筛选结果

（4）保存文件。

4. 数据透视

（1）删除 12 行~15 行的筛选结果数据，删除 J 列、K 列筛选条件数据。

（2）单击"插入"选项卡"表格"组中的"数据透视表"按钮，弹出如图 6-24 所示的对话框，选择 A2:H10 单元格区域为"表/区域"，选择 A12 单元格为放置透视表的位置，单击"确定"按钮。

（3）在窗口右侧出现"数据透视表"任务窗格，A12 单元格出现"数据透视表"显示区域，如图 6-25 所示。

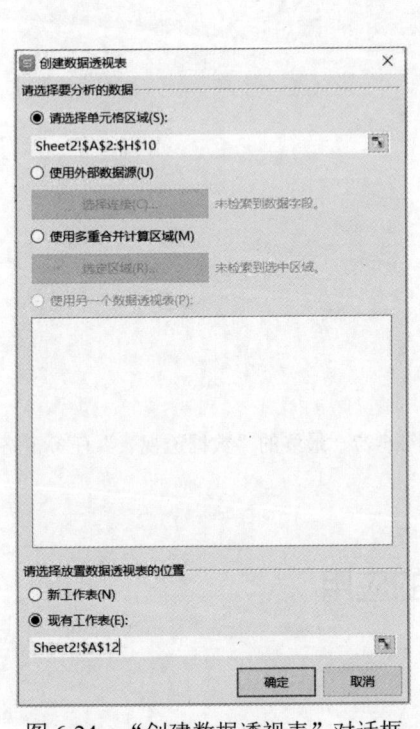

图 6-24 "创建数据透视表"对话框　　图 6-25 "数据透视表"任务窗格

（4）在任务窗格"字段列表"中将"班级"字段拖到"行"区域，"性别"字段拖到"列"区域，"高考成绩"字段拖到"值"字段，单击其下拉按钮选择"值字段设置"，把求和项改成平均值，如图 6-26 所示。最终的"数据透视表"任务窗格如图 6-27 所示。即可得到反映了分男女同学不同班级的平均高考成绩的数据透视表。

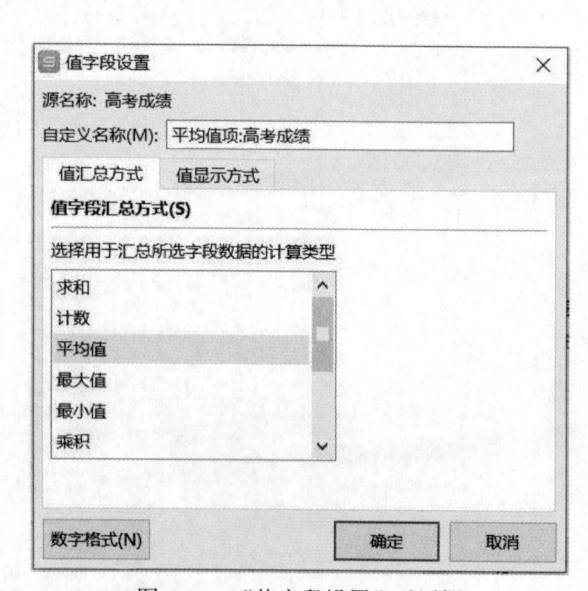

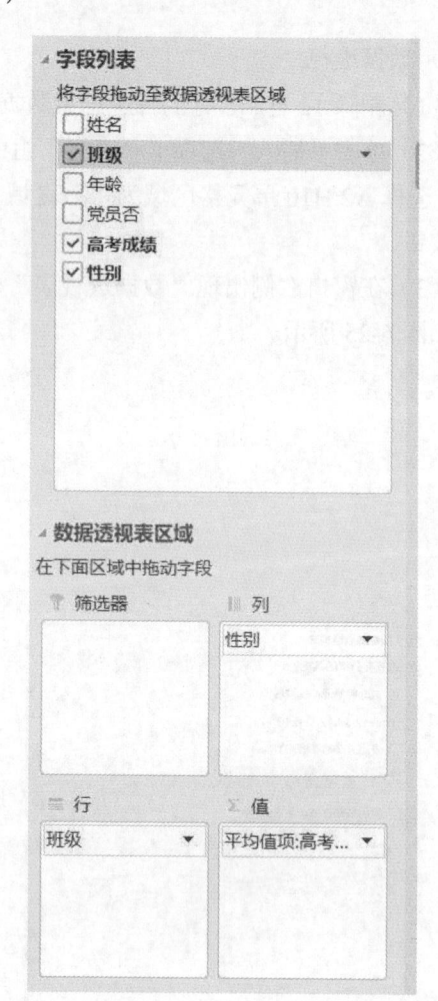

图 6-26 "值字段设置"对话框　　图 6-27 最终的"数据透视表"任务窗格

(5) 保存文件。

实训 4　图表的应用

一、实训目标

掌握图表的创建与编辑。

二、实训内容

(1) 打开"22023904 学生成绩表.xlsx"文件，分别计算总分和名次。在 F3 单元格中输入=SUM(B3:E3)，并用鼠标拖拽 F3 单元格的填充柄至 F10 单元格。在 G3 单元格中输入=RANK(F3,$F$3:$F$10,0)，并拖拽 G3 单元格的填充柄至 G10 单元格。如图 6-28 所示。

(2) 选中 A2:E10 单元格区域，在"插入"选项卡的"全部图表"按钮，弹出"插入图表"对话框，选择"柱形图"中的"簇状柱形图"，如图 6-29 所示。

学生成绩表

姓名	语文	数学	英语	计算机	总分	名次
张三	65	90	66	75	296	5
李四	90	80	70	88	328	1
王五	87	86	74	72	319	2
赵六	88	75	83	68	314	3
吴七	77	65	87	75	304	4
梁八	65	75	63	78	281	8
肖九	69	88	72	61	290	7
周十	72	68	95	60	295	6

图 6-28 "学生成绩表"数据

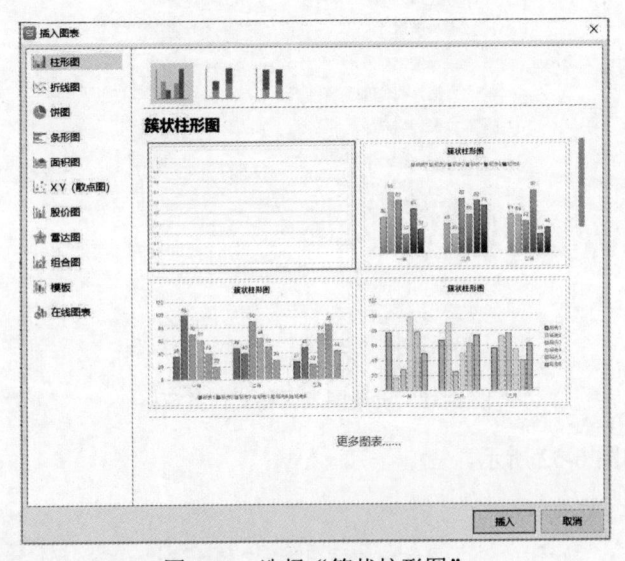

图 6-29 选择"簇状柱形图"

（3）单击"确定"按钮，得到如图 6-30 所示的图表。

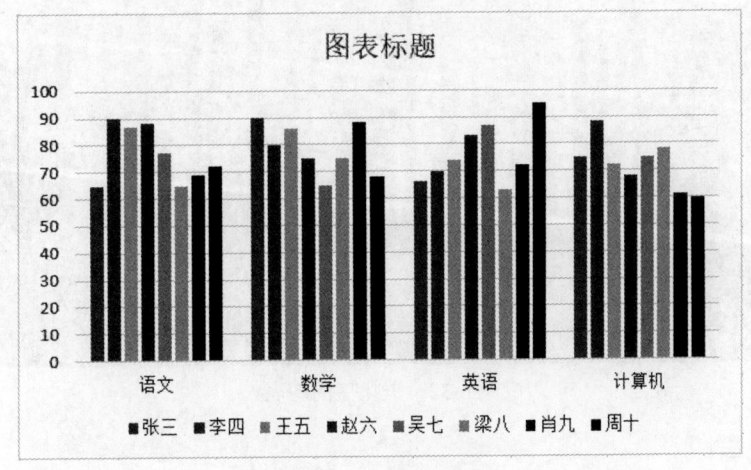

图 6-30 插入的图表

（4）可以看到图表没有标题，单击"图表标题"区，把标题改为"学生成绩图表"。选中图表，执行"图表工具"选项卡中的"设置格式"按钮，此时在窗口右侧将出现设置图表区格式任务窗格，在"填充与线条"中选择"渐变填充"，"预设渐变"选择"金色-暗橄榄绿渐变"，如图 6-31 所示，可以修改和美化图表。

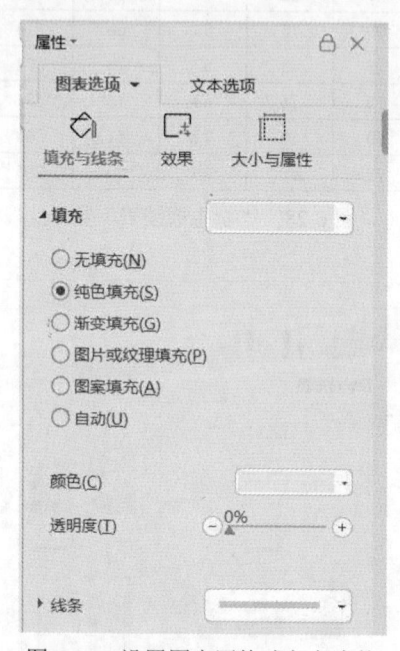

图 6-31 设置图表区格式任务窗格

美化后的图表如图 6-32 所示。

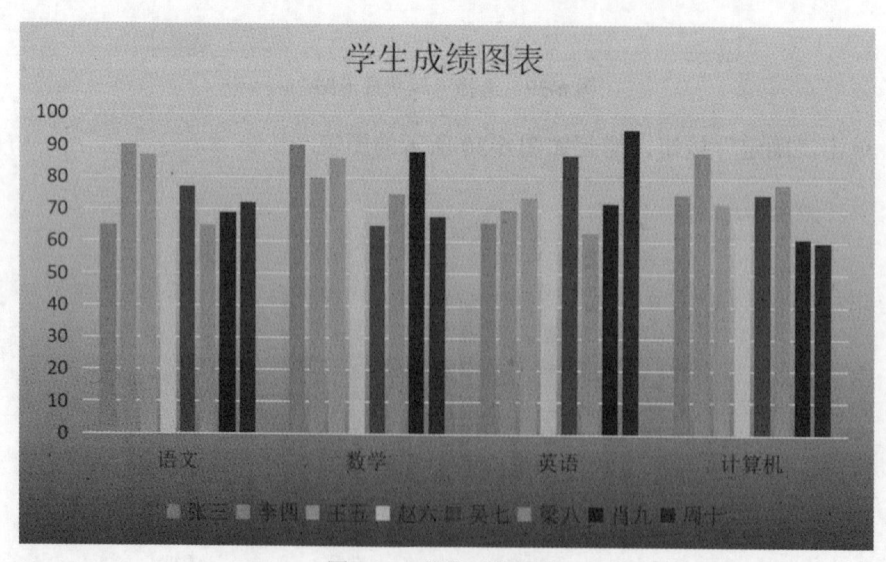

图 6-32 美化后的图表

（5）保存文件。

练 习 题

1. 在切换 WPS 2019 工作表时，单击（　　）就可实现。
   A．工作表标签　　　　　　　B．标题栏的工作簿名
   C．单元格　　　　　　　　　D．状态栏
2. 在 WPS 2019 窗口中，当前工作簿的文件名显示在（　　）。
   A．任务栏　　　　　　　　　B．标题栏
   C．工具栏　　　　　　　　　D．其他任务窗格
3. 在 WPS 2019 中，工作表中的行号为（　　）。
   A．数字　　　　　　　　　　B．字母
   C．数字与字母混合　　　　　D．第一个为字母，其余为数字
4. 在 WPS 2019 中，删除了一张工作表后，（　　）。
   A．被删除的工作表将无法恢复
   B．被删除的工作表可以被恢复到原来位置
   C．被删除的工作表可以被恢复为最后一张工作表
   D．被删除的工作表可以被恢复为首张工作表
5. 在 WPS 2019 中，单元格名称的表示方法是（　　）。
   A．只包含列标　　　　　　　B．只包含行号
   C．列标在前，行号在后　　　D．行号在前，列标在后
6. 在 WPS 2019 工作表中，最小操作单元是（　　）。
   A．一列　　　B．一行　　　C．一张表　　　D．单元格
7. 当按 Enter 键结束对一个单元格的数据输入时，下一个活动单元格在原活动单元格的（　　）。
   A．上面　　　B．下面　　　C．左面　　　D．右面
8. 在 WPS 2019 中，要在单元格内重新编辑数据，只需（　　）后进行。
   A．双击该单元格　B．拖动单元格　C．单击该单元格　D．按 Alt 键操作
9. 在 WPS 2019 中，给当前单元格输入数值型数据时，默认为（　　）。
   A．居中　　　B．左对齐　　　C．右对齐　　　D．随机
10. 要在单元格中输入当前系统日期，按（　　）组合键。
    A．Ctrl+;　　B．Ctrl+Shift+;　　C．Shift+;　　D．Ctrl+Tab+;
11. 在 WPS 2019 的一个工作表的 D3 单元格中输入了八月，选择后拖拽填充手柄经过 E3、F3 和 G3 后松开，F3 和 G3 中显示的内容为（　　）。
    A．十月和十一月　　　　　　B．九月和九月
    C．八月和八月　　　　　　　D．十月和十月
12. 在 WPS 2019 中，若选定大范围连续区域，可以先单击该区域的任一角上的单元格，然后按住（　　）键再单击该区域的另一个角上的单元格。
    A．Alt　　　B．Ctrl　　　C．Shift　　　D．Tab

13. 当在 WPS 2019 中进行操作时，若某单元格中出现等列宽的"######"的信息，其含义是（   ）。
    A．在单元格中公式引用不再有效   B．单元格中的数字太大
    C．数据太长超过了单元格宽度   D．在公式中使用了错误的数据类型

14. 在 WPS 2019 工作表的单元格中输入公式时，应先输入（   ）号。
    A．'   B．"   C．&   D．=

15. 在 WPS 2019 中，若工作表中某列数据要在规定的项中进行选择输入，应该为该列数据设置数据的（   ）。
    A．有效性   B．条件格式   C．无效范围   D．正确格式

16. 在 WPS 2019 工作表中，单元格 D5 中有公式=$B$2+C4，将该公式复制到 C6 单元格后，公式将是（   ）。
    A．=$A$3+B5   B．=$B$2+B5   C．=$A$2+C4   D．=$B$2+C6

17. 如果公式中出现"#DIV/0!"，则表示（   ）。
    A．结果为 0   B．列宽不足   C．无效数据   D．除数为 0

18. 在 WPS 2019 中，工作表 Sheet3 的 A1 单元格的数据是 Sheet1 中 A1 单元格和 Sheet2 中 A1 单元格数值之和，正确的计算公式是（   ）。
    A．=SUM(Sheet1!A1:A1)   B．=SUM(A1:A1)
    C．=SheetA1+Sheet2A1   D．=Sheet1!A1+Sheet2!A1

19. 在 WPS 2019 工作表中，可以将公式=B1+B2+B3+B4+B5 转换为（   ）。
    A．SUM(B1,B5)   B．=SUM(B1:B5)
    C．=SUM(B1,B5)   D．SUM(B1:B5)

20. 在一个工作表的某单元格中输入公式（   ），将会出现错误。
    A．=SUM(1:3)   B．=SUM(A1:D1)
    C．=SUM(C2:E5, 3)   D．=SUM(A1;B5)

21. 如果要输入分数"1/3"，则需要在单元格中输入（   ）。
    A．1/3   B．# 1/3
    C．0 1/3   D．1 1/3

第 7 章　WPS Office 2019 演示文稿制作

实训 1　动　画　制　作

一、实训目标

掌握 WPS 2019 中添加及设置动画的方法。实训 1 原题界面如图 7-1 所示。

图 7-1　实训 1 原题

二、实训目标

（1）打开 81004501.pptx 文件。
（2）选择第 1 张幻灯片，然后在"插入"选项卡"插图"组中单击"形状"下拉按钮进行"形状"的选择，如图 7-2 所示。

图 7-2　选择形状

(3)选择"前进或下一项"动作按钮,在幻灯片的右下角用鼠标拖拽出一个动作按钮,如图 7-3 所示。

图 7-3 插入"动作按钮"

(4)此时,将会弹出一个"动作设置"对话框,设置超链接到"下一张幻灯片",如图 7-4 所示,然后单击"确定"按钮。

图 7-4 "动作设置"对话框

(5)切换至第 3 张幻灯片,选中内容文本框,便可进行自定义动画设置,选择"动画"选项卡中的"进入"动画,如图 7-5 所示。

(6)单击"动画"选项卡"自定义动画"按钮,将弹出如图 7-6 所示的"自定义动画"窗格。

1)单击"1★内容占位符 2:文本是多媒..."右侧的下拉按钮,如图 7-6 所示。然后选择"效果选项"菜单项。

2)弹出如图 7-7 所示的"飞入"对话框,在"增强"栏"声音"下拉列表中选择"风铃",单击"确定"按钮。

第 7 章　WPS Office 2019 演示文稿制作　95

图 7-5　"动画"菜单

图 7-6　"自定义动画"窗格　　　　　图 7-7　"飞入"对话框

（7）完成后的幻灯片效果如图 7-8 所示，保存文件。

图 7-8　实训 1 完成效果

实训 2 插入图片

一、实训目标

掌握 WPS 2019 中插入图片的方法。实训 2 原题界面如图 7-9 所示。

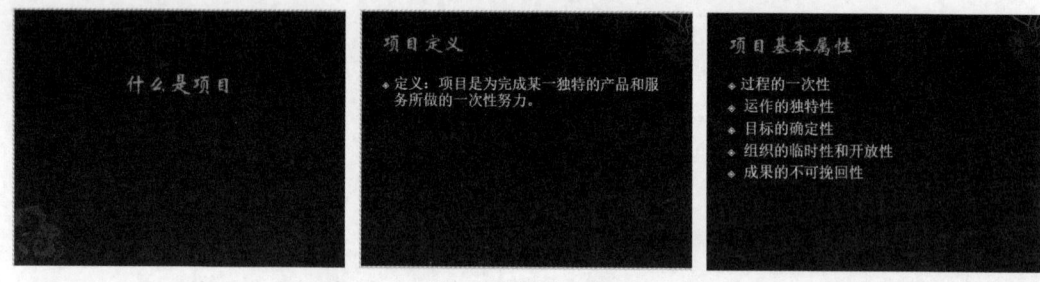

图 7-9 实训 2 原题

二、实训内容

（1）打开 81004502.pptx 文件。

（2）设置演示文稿幻灯片大小为信纸，幻灯片方向为纵向。执行"设计"选项卡中的"幻灯片大小"→"自定义大小"命令，设置幻灯片大小为 Letter 纸张（8.5×11 英寸），幻灯片方向设置为横向，如图 7-10 所示。

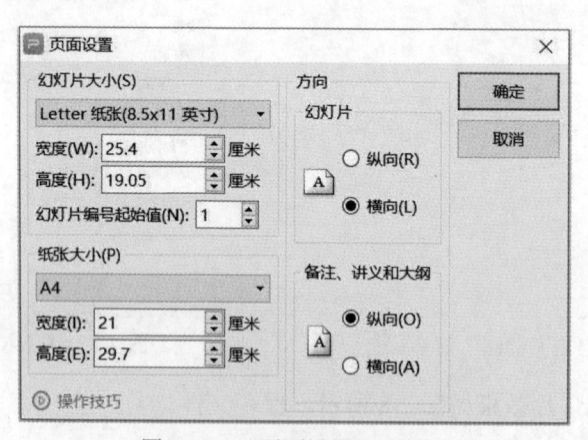

图 7-10 "页面设置"对话框

（3）版式更改，将第 1 张幻灯片的版式更改为"仅标题"。选中第 1 张幻灯片，单击"开始"选项卡"幻灯片"组的"版式"按钮，选择"仅标题"版式，如图 7-11 所示。

（4）插入图片。在第 1 张幻灯片插入 C:\KAOSHI\PPT\81004502.jpg 图片，设置图片大小为：高 14.29 厘米，宽 19.05 厘米；图片样式设为：复杂框架，黑色。

1）单击"插入"选项卡"图形和图像"组的"图片"→"本地图片"，将弹出"插入图片"窗口，如图 7-12 所示。选择 C:\KAOSHI\PPT\下的 81004502.jpg 图片，单击"打开"按钮。

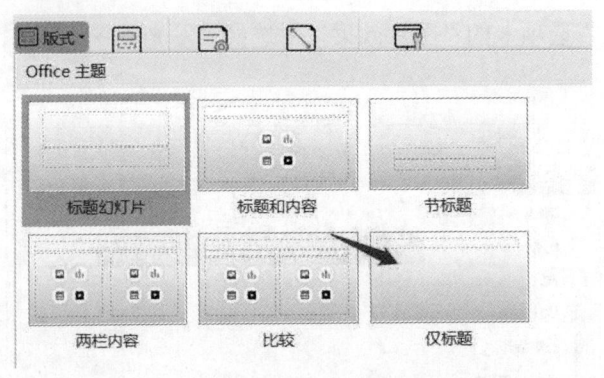

第 7 章 WPS Office 2019 演示文稿制作

图 7-11 幻灯片版式

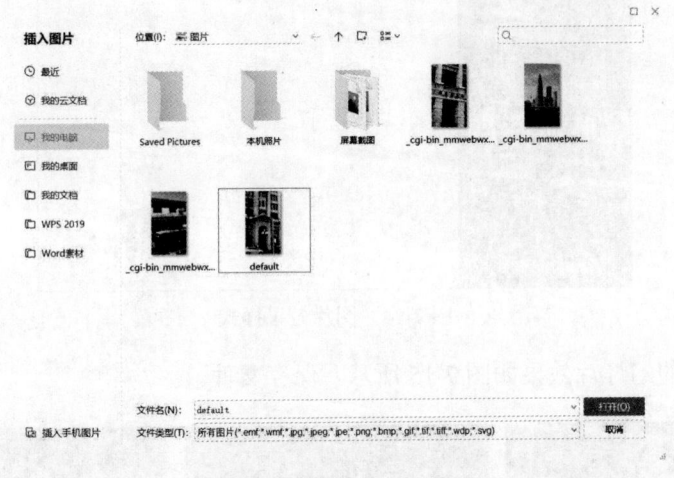

图 7-12 "插入图片"窗口

2）选中图片，执行"图片工具"选项卡"大小"组的扩展按钮，将弹出"对象属性"窗格，设置图片高度为 14.29 厘米，宽度为 19.05 厘米，如图 7-13 所示。

图 7-13 "对象属性"窗格

3）在"图片工具"选项卡的"图片效果"中选择"发光"→"橙色，11pt 发光，着色 4"，如图 7-14 所示。

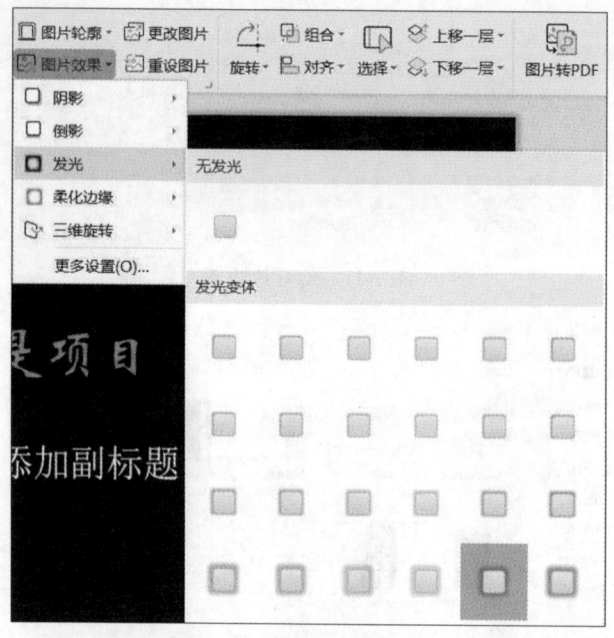

图 7-14　图片效果样式

（5）完成后的幻灯片效果如图 7-15 所示。保存文件。

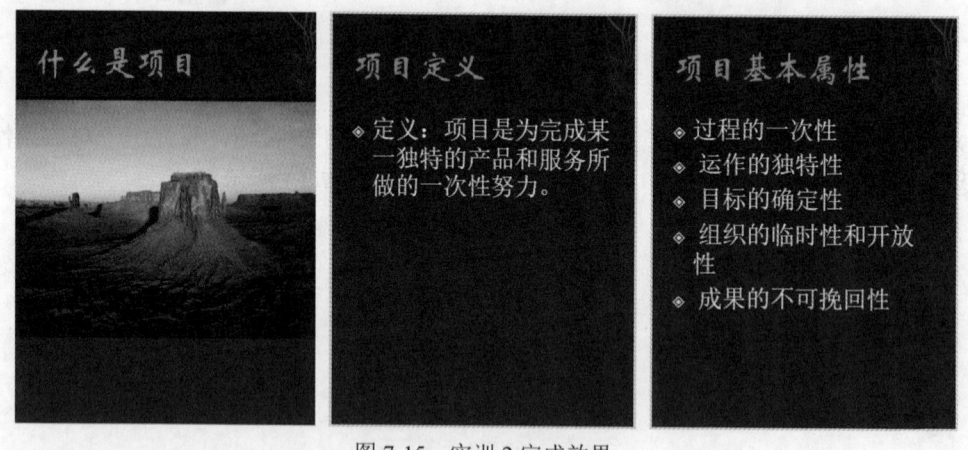

图 7-15　实训 2 完成效果

实训 3　切 换 方 式

一、实训目标

在 WPS 2019 中添加切换效果，如图 7-16 所示。

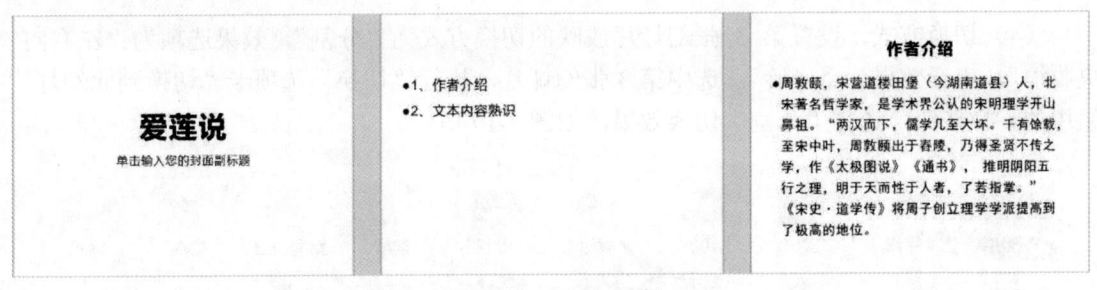

第 7 章　WPS Office 2019 演示文稿制作

图 7-16　实训 3 原题

二、实训内容

（1）打开 81004503.pptx 文件。

（2）插入页脚，在第 2 张幻灯片中插入页脚，页脚内容为"爱莲说"。单击"插入"选项卡"文本"组中的"页眉和页脚"按钮，将弹出"页眉和页脚"对话框，勾选"页脚"复选框，输入"爱莲说"，如图 7-17 所示。

图 7-17　"页眉和页脚"对话框

（3）主题设计：单击"设计"选项卡中的"导入模板"按钮，选择"81004503.dpt"主题，如图 7-18 所示，单击"打开"按钮。

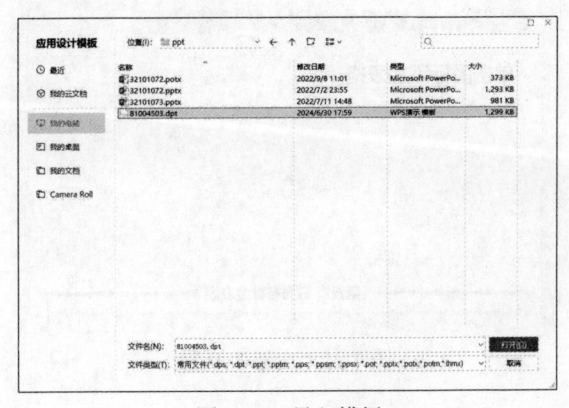

图 7-18　导入模板

（4）切换方式，设置第 3 张幻灯片放映的切换方式为"分割"，效果选项为"左右向中央收缩"，声音效果为"风铃"。选中第 3 张幻灯片，执行"切换"选项卡"切换到此幻灯片"组中的下拉按钮，选择"分割"切换效果，如图 7-19 所示。

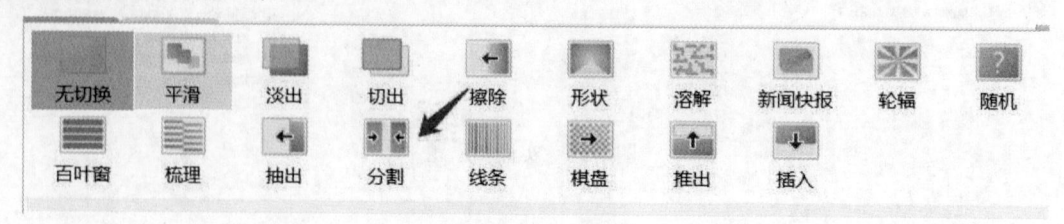

图 7-19　切换效果

（5）完成后的幻灯片效果如图 7-20 所示。保存文件。

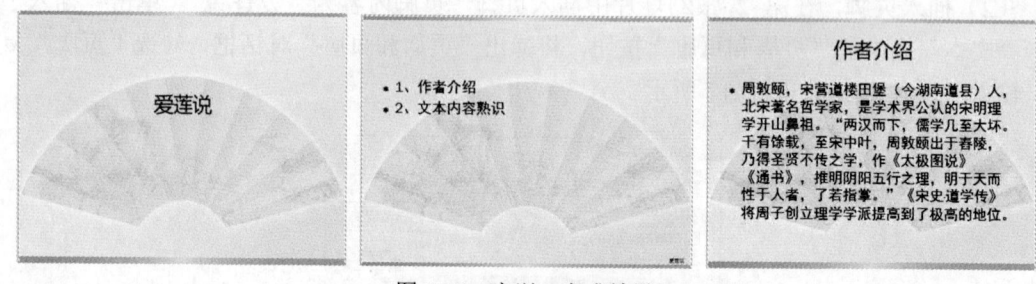

图 7-20　实训 3 完成效果

实训 4　课件制作及打包

一、实训目标

掌握在 WPS 2019 中插入表格、打包等方法，原题如图 7-21 所示。

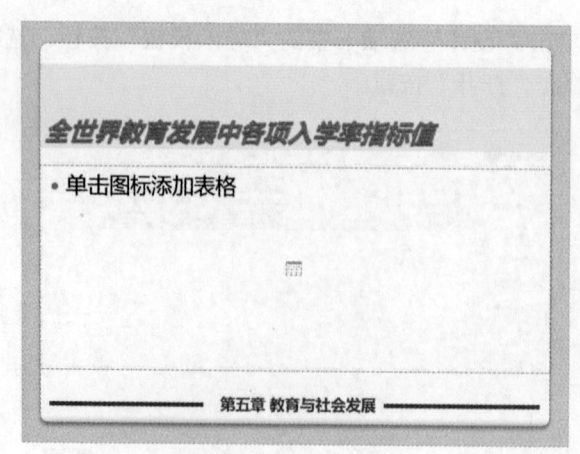

图 7-21　实训 4 原题

二、实训内容

（1）打开 81004504.pptx 文件。

（2）插入表格，在第 1 张幻灯片插入一个 6×4 的表格，内容如表 6-1 所示，并设置表格字体大小为 32 磅。

表 6-1　全世界教育发展中各项入学率指标值

	小学	中学	大学
1950	59.9	11.5	1.3
1960	72.0	21.3	4.4
1970	83.7	33.3	7.1
1980	96.1	44.6	11.5
1990	98.7	52.1	13.5

1）单击幻灯片中的"插入表格"按钮，将弹出"插入表格"对话框，行数设置为 6，列数设置为 4，如图 7-22 所示。

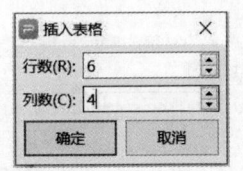

图 7-22　"插入表格"对话框

2）单击"确定"按钮，完成 6×4 表格的插入。输入表 6-1 的内容，选中整个表格，在"开始"选项卡"字体"组中的"字号"下拉列表中选择 32 磅。完成效果如图 7-23 所示。

图 7-23　实训 4 完成效果

（3）打包。

1）单击"文件"菜单中的"文件打包"选项，单击右侧的"将演示文档打包成压缩文件"按钮，如图 7-24 所示。

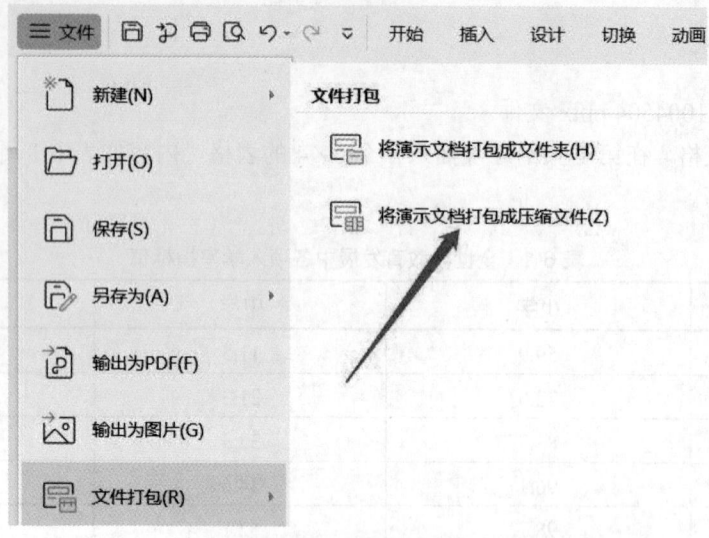

图 7-24　文件打包

2）弹出"演示文件打包"对话框，如图 7-25 所示。

图 7-25　"演示文件打包"对话框

3）单击"浏览"命令按钮，在弹出的对话框（图 7-26）中选择新建的文件夹位置 C:\KAOSHI\PPT\。

图 7-26　"选择位置"对话框

4）单击"选择文件夹"命令按钮后，将会弹出"演示文件打包"对话框，如图 7-27 所示。

图 7-27 "演示文件打包"对话框

（4）单击"确定"按钮，弹出系统提示对话框，如图 7-28 所示。

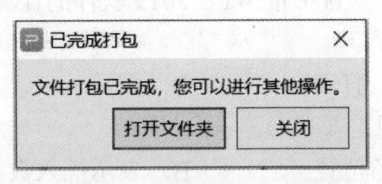

图 7-28 系统提示对话框

（5）打包后的文件如图 7-29 所示。

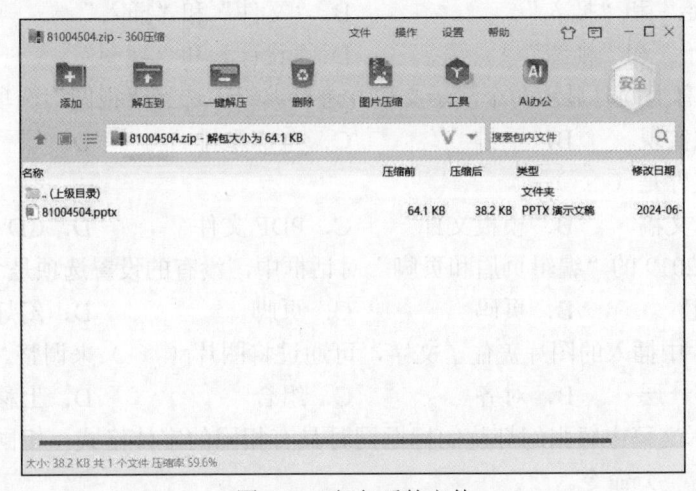

图 7-29 打包后的文件

（6）若需要在其他计算机中播放该演示文稿时，则将整个打包的文件夹复制过去，再双击其中的 81004504.pptx 文件。

练 习 题

1. WPS 2019 演示文稿的扩展名是（　　）。

　　A．.docx　　　　B．.xlsx　　　　C．.pptx　　　　D．.potx

2. WPS 2019 "视图"选项卡功能包含（　　）。

　　A．图形　　　　　　　　　　　B．正在修改的幻灯片

　　C．编辑演示文稿的方式　　　　D．显示幻灯片的方式

3. WPS 2019 中提供"网格线"命令的选项卡是（　　）。

　　A．"开始"　　　B．"视图"　　　C．"工具"　　　D．"格式"

4. 在 WPS 2019 中，幻灯片可以通过大纲模式创建和组织（　　）。
   A．标题和多媒体信息　　　　　B．标题和图形
   C．正文和图形状　　　　　　　D．标题和正文
5. WPS 2019 的超链接可实现（　　）。
   A．幻灯片之间的跳转　　　　　B．演示文稿的移动
   C．幻灯片的放映　　　　　　　D．插入幻灯片
6. 如果将演示文稿置于另一台不带 WPS 2019 软件的计算机上放映，那么应该对演示文稿进行（　　）操作。
   A．复制　　　　B．打印　　　　C．布局　　　　D．打包
7. 幻灯片中占位符的作用是（　　）。
   A．为文本等元素预留位置　　　B．表示插入数量
   C．表示文本长度　　　　　　　D．表示图形大小
8. 新建幻灯片的选项在（　　）选项卡中。
   A．"开始"和"插入"　　　　　B．"文件"和"插入"
   C．"开始"和"视图"　　　　　D．"设计"和"视图"
9. 在一个屏幕上同时显示两个演示文稿并进行编辑，选择"视图"选项卡中的（　　）。
   A．无法实现　　B．重排　　　　C．全部重排　　D．层叠
10. *.potx 文件是（　　）。
    A．演示文稿　　B．模板文件　　C．PDF 文件　　D．CD 文件
11. 在 WPS 2019 的"编辑页眉和页脚"对话框中，没有的设置选项是（　　）。
    A．时间　　　　B．页码　　　　C．页脚　　　　D．幻灯片浏览
12. 在幻灯片中插入的图片盖住了文字，可通过将图片（　　）来调整。
    A．下移一层　　B．对齐　　　　C．组合　　　　D．上移一层
13. 要使演示文稿中每张幻灯片的标题同时具有相同的字体格式、相同的图标，应选择（　　）组中的（　　）命令。
    A "母版视图""幻灯片母版"　　B．"设计""应用设计模板"
    C．"设计""背景"　　　　　　D．"开始""字体"
14. 要使演示文稿中每张幻灯片的背景同时具有相同的颜色，应选择（　　）窗格下的（　　）。
    A．"视图""显示"　　　　　　B．"设计""主题"
    C．"设置背景格式""应用到全部"　D．"开始""字体颜色"
15. 要更改演示文稿中每张幻灯主题的字体，可通过选择（　　）组下的（　　）按钮实现。
    A．"视图""网格线"　　　　　B．"设计""主题"
    C．"变体""字体"　　　　　　D．"开始""字体颜色"
16. 要使演示文稿中的幻灯片快速具有相同的动画效果，应通过选择（　　）组下的（　　）命令快速实现。
    A．"母版""占位符"　　　　　B．"设计""变体"

C．"高级动画""动画刷"　　　　　D．"插入""符号"

17．在使用 SmartArt 的过程中，选择"层次结构"组"组织结构图"，如果要为某个下方部件提高职位，则应选中此部件，在"设计工具"选项卡的"创建图形"组中单击（　　）按钮。

　　A．升级　　　　B．上移　　　　C．降级　　　　D．下移

18．对母版的修改将直接反映在（　　）幻灯片上。

　　A．每张　　　　　　　　　　　B．当前
　　C．当前幻灯片之后　　　　　　D．当前幻灯片之前

19．在普通视图中，要为所有幻灯片加编号，在弹出的"页眉和页脚"对话框中选择"幻灯片"下的（　　）复选框，然后单击（　　）按钮。

　　A"幻灯片编号""应用全部"　　　B．"页脚""应用"
　　C．"页码""应用"　　　　　　　D．"背景""应用全部"

20．要在幻灯片中插入当前操作的实时步骤，可以用（　　）来实时录制并自动插入。

　　A．超链接　　　B．触发　　　　C．屏幕录制　　　D排练计时

参 考 文 献

[1] 潘传中，钟诚，周英，等．计算机应用基础学习指导（Windows 7+Office 2010 版）[M]．北京：航空工业出版社，2015．

[2] 刘志成，刘涛．大学计算机基础上机指导与习题集（微课版）[M]．北京：人民邮电出版社，2016．

[3] 杨继萍，夏丽华，等．计算机组装与维护标准教程（2015－2018 版）[M]．北京：清华大学出版社，2015．

[4] 赵杉，赵春，等．大学计算机基础上机指导[M]．北京：清华大学出版社，2015．

[5] 薛晓萍，赵义霞，郑建霞，等．大学计算机基础实训教程（Windows 7+Office 2010 版）[M]．北京：中国水利水电出版社，2014．

[6] 陈军，肖东，吴志攀．新编计算机应用基础（Window s8+office 2013）[M]．广州：暨南大学出版社，2014．

[7] 张晖．计算机网络项目实训教程[M]．北京：清华大学出版社，2014．

[8] 谢希仁．计算机网络[M]．7 版．北京：电子工业出版社，2017．

[9] 吴志攀，赖国明．大学计算机基础实训指导[M]．北京：中国水利水电出版社，2021．